"十二五"职业教育国家规划教材

中等职业教育专业技能课教材

中等职业教育建筑工程施工专业规划教材

建筑工程安全管理

（第 2 版）

主　编　王海平　　谭功伦

副主编　杜燕辉　　宋名海

主　审　宁德伟

U0302274

武汉理工大学出版社

·武　汉·

内 容 提 要

本书是根据《建筑与市政工程施工现场专业人员职业标准》(JGJ/T 250—2011)和《建筑施工安全检查标准》(JGJ 59—2011)等标准编写的,主要包括安全生产管理基本知识、安全生产管理制度、建筑施工安全技术、施工机械与安全用电管理、安全文明施工等内容。

本书可作为中等职业学校建筑工程施工、工程造价、建筑装饰、建筑设备等专业的教学用书,也可作为施工企业生产一线的管理人员的培训和参考用书。

图书在版编目(CIP)数据

建筑工程安全管理/王海平,谭功伦主编. —2 版. —武汉:武汉理工大学出版社,2023.10
ISBN 978-7-5629-6908-2

Ⅰ.①建… Ⅱ.①王… ②谭… Ⅲ.①建筑工程-安全管理-中等专业学校-教材
Ⅳ.①TU714

中国国家版本馆 CIP 数据核字(2023)第 201004 号

项目负责人:张淑芳　高　英　丁　冲　　　　　责 任 编 辑:张淑芳
责 任 校 对:张明华　　　　　　　　　　　　版 式 设 计:芳华时代
出 版 发 行:武汉理工大学出版社
社　　　　址:武汉市洪山区珞狮路 122 号
邮　　　　编:430070
网　　　　址:http://www.wutp.com.cn
经　　　　销:各地新华书店
印　　　　刷:武汉市洪林印务有限公司
开　　　　本:787×1092　1/16
印　　　　张:10
字　　　　数:250 千字
版　　　　次:2023 年 10 月第 2 版
印　　　　次:2023 年 10 月第 1 次印刷　总第 4 次印刷
印　　　　数:3000 册
定　　　　价:30.00 元

中等职业教育建筑工程施工专业规划教材

出 版 说 明

为了贯彻《国务院关于大力发展职业教育的决定》精神,落实《教育部关于进一步深化中等职业教育教学改革的若干意见》,适应中等职业教育对建筑工程施工专业的教学要求和人才培养目标,推动中等职业学校教学从学科本位向能力本位转变,以培养学生的职业能力为导向,调整课程结构,合理确定各类课程的学时比例,规范教学,促使学生更好地适应社会及经济发展的需要,武汉理工大学出版社经过广泛的调查研究,分析了图书市场上现有教材的特点和存在的问题,并广泛听取了各学校的宝贵意见和建议,组织编写了一套高质量的中等职业教育建筑工程施工专业规划教材。本套教材具有如下特点:

1.坚持以就业为导向、以能力为本位的理念,兼顾项目教学和传统教学课程体系;

2.理论知识以"必需、够用"为度,突出实践性、实用性和学生职业能力的培养;

3.基于工作过程编写教材,将典型工程的施工过程融入教材内容之中,并尽量体现近几年国内外建筑的新技术、新材料和新工艺;

4.采用最新颁布的《房屋建筑制图统一标准》《混凝土结构设计规范》《建筑抗震设计规范》《建设工程工程量清单计价规范》等国家标准和技术规范;

5.借鉴高职教育人才培养方案和教学改革成果,加强中职、高职教育的课程衔接,以利于学生的可持续发展;

6.由骨干教师和建筑施工企业工程技术人员共同参与编写工作,以保证教材内容符合工程实际。

本套教材适用于中等职业学校建筑工程施工、工程造价、建筑装饰、建筑设备等专业相关课程教学和实践性教学,也可作为职业岗位技术培训教材。

本套教材出版后被多所学校长期使用,普遍反映教材体系合理,内容质量良好,突出了职业教育注重能力培养的特点,符合中等职业教育的人才培养要求。全套教材被列为教育部"中等职业教育专业技能课教材",其中《建筑力学与结构》被评为"中等职业教育创新示范教材",《建筑材料及检测》等10种教材被评为"'十二五'职业教育国家规划教材",《建筑施工技术》等3种教材被评为"'十三五'职业教育国家规划教材",《建筑工程测量》等4种教材被评为"'十四五'职业教育国家规划教材"。与此同时,随着各学校课程改革的完成,也对本套教材进行了必要的扩展和补充,并逐步涵盖建筑装饰、工程造价和园林技术等专业课程。

中等职业教育建筑工程施工专业规划教材编委会

武汉理工大学出版社

2023 年 4 月

前　言

随着我国经济建设的迅猛发展,工程建设在国民经济中的地位举足轻重。由于工程建设项目具有投资大、周期长等特点,并且与国民经济运行和人民生命财产安全休戚相关,因此,加强工程建设的安全管理是工程建设活动中一项十分重要的工作。安全管理是系统性、综合性的管理,其管理的内容涉及建筑生产的各个环节。因此,建筑施工企业在安全管理中必须坚持"安全第一,预防为主,综合治理"的方针,制订安全政策、计划和采取相关措施,完善安全生产组织管理体系和检查体系,加强施工安全管理。

本书根据中华人民共和国住房和城乡建设部批准发布的《建筑与市政工程施工现场专业人员职业标准》(JGJ/T 250—2011)的要求编写,注重加强学生工程建设安全管理能力的训练,培养"适应生产、建设、管理、服务第一线需要的德、智、体、美、劳全面发展的技术技能型人才"。

本书以职业技能的培养为核心,突出职业教育以就业为导向、能力为本位的特色,全面培养学生的职业素质和职业能力,实现"零距离上岗"。教材应打破学科理论体系,构建职业核心能力型的课程体系,开发与生产实际、技术应用密切联系的综合性和案例性教材。

在编写过程中,编者认真学习教育部颁发的《中等职业学校建筑工程施工专业教学标准》,编写内容体现了中职技能人才培养的特点,符合建筑施工企业生产第一线的技术应用型人才培养的目标。本次修订全面贯彻全国职业教育大会和全国教材工作会议精神以及党的二十大精神,准确体现党中央的最新要求,以培养学生项目施工安全管理的能力为目标,从安全生产管理基本知识、安全生产管理制度、建筑施工安全技术、施工机械与安全用电管理、安全文明施工几个方面划分教学单元,每个单元均有详细的教学要求,包括知识目标、能力目标和思政目标;每个项目安排一定数量的职业活动训练及思考与练习。目的是通过课堂学习和职业活动训练,学生基本掌握建筑施工安全管理事前预控和过程控制的依据、基本思路、方法、手段和途径。

本书第 2 版由山西省城乡建设学校王海平、重庆市万州职业教育中心谭功伦担任主编,广东省惠州市建筑学校杜燕辉、长江航运规划设计院宋名海担任副主编。具体的编写分工如下:王海平编写走进课堂和项目 1、项目 2;谭功伦编写项目 3;杜燕辉编写项目 4;宋名海编写项目 5。全书由广西北部湾职业技术学校宁德伟主审。

本书可作为中等职业学校建筑工程施工、工程造价、建筑装饰、建筑设备等专业的教学用书,也可作为施工企业生产第一线的管理人员的培训和参考用书。

限于编者的水平和经验,书中难免存在疏漏和不妥之处,敬请读者批评指正。

编　者

2023 年 5 月

目　录

走进课程

安全生产管理是系统性、综合性的管理，其管理的内容涉及建筑生产的各个环节。因此，建筑施工企业在安全管理中必须坚持"安全第一，预防为主，综合治理"的方针，制订安全政策、计划和采取相关措施，完善安全生产组织管理体系和检查体系，加强施工安全管理。图0.1所示为施工现场安全通道，图0.2所示为施工现场安全教育警示牌。

图0.1　施工现场安全通道　　　　　　图0.2　施工现场安全教育警示牌

根据对全国伤亡事故的调查统计分析，建筑业伤亡事故率仅次于矿山行业，高处坠落、物体打击、机械伤害、触电、坍塌为建筑业最常见的五种事故，近几年来已占到事故总数的80%～90%，这些惨痛的血的教训，我们应警钟长鸣。

事件1：毕节市在建工地"1·3"山体滑坡事故。2022年1月3日19时许，位于贵州省毕节市金海湖新区归化街道的毕节市第一人民医院分院培训基地项目在建工地发生山体坍塌滑坡，造成现场多名施工人员被困。经进一步核实，山体滑坡量为3.5万 m^3 左右（其中，土方3万 m^3，石方0.5万 m^3 左右），共有17人被困。这起事故最终导致14人死亡，3人受伤。如图0.3、图0.4所示。

图0.3　现场搜救　　　　　　　　　　图0.4　坍塌位置

事件2：长沙望城区"4·29"居民自建房倒塌事故。2022年4月29日12时24分，长沙市望城区金山桥街道金坪社区盘树湾一幢居民自建房发生倒塌事故。经初步调查,倒塌房屋系居民自建房,共 8 层,其中 1 楼为门面,2 楼为饭店,3 楼为私人影院,4～6 楼为家庭旅馆,7、8楼为自住房,承租户对房屋有不同程度的结构改动。事故导致 54 人死亡,9 人受伤。如图0.5、图 0.6 所示。

图 0.5　倒塌位置　　　　　　　　　　图 0.6　现场情况

上述两个事件让我们铭记这些惨痛的教训,提高安全意识,树立安全施工重于泰山的理念,建立一个安全和谐的建筑市场。

《建筑与市政工程施工现场专业人员职业标准》(JGJ/T 250—2011)对建筑工程安全员做了以下规定:

一、安全员的主要职责

安全员的主要职责包括:项目安全策划、资源环境全面检查、作业安全管理、安全事故处理、安全资料管理。具体体现在:

1.项目安全策划是制订工程项目施工现场安全生产管理计划的一系列活动。

施工项目安全生产管理计划包括安全控制目标、控制程序、组织结构、职责权限、规章制度、资源配置、安全措施、检查评价和奖惩制度以及对分包的安全管理;复杂或专业性项目的总体安全措施、单位工程安全措施及分部分项工程安全措施;非常规作业的单项安全技术措施和预防措施等。同时,对项目现场,尚应按照《环境管理体系　要求及使用指南》(GB/T 24001—2016/ISO 14001:2015)的要求,建立并持续改进环境管理体系,以促进安全生产、文明施工并防止环境污染。

施工项目安全生产管理计划及安全生产责任制度均由施工单位组织编制,项目经理负责,安全员参与其中。

施工现场安全事故应急救援预案,应包括建立应急救援组织,配备必要的应急救援器材、设备,由施工单位组织编制,项目经理负责,安全员应参与其中。

2.开工前安全条件审查工作;施工防护用品和劳保用品的符合性审查。

开工前安全条件审查是建设行政主管部门负责进行的工作,现场监理人员和现场安全员主要参与现场安全防护、消防、围挡、职工生活设施、施工材料、施工机具、施工设备安装、作业人员许可证、作业人员保险手续、项目安全教育计划、现场地下管线资料、文明施工设施等项目的检查。

施工防护用品和劳保用品的符合性审查,是指对于施工防护用品和劳保用品的安全性能是否达到或符合施工安全要求的检查与审验。

3.风险性较大的分部、分项工程专项施工方案编制;安全技术交底工作;施工作业安全检查;施工现场环境监督管理工作的落实。

风险性较大的分部、分项工程专项施工方案由总承包单位或专业承包单位组织编制,安全员要参与审核,因方案涉及施工安全保证措施,安全员一般应参与专项施工方案的编制。

安全技术交底由项目技术负责人负责实施。安全技术交底必须包括安全技术、安全程序、施工工艺和工种操作等方面的内容,交底对象为项目部相关管理人员和施工作业班组长等。对施工作业班组的安全技术交底工作应由施工员负责实施,安全员协助。

施工作业安全检查包括日常作业安全检查、季节性安全检查、专项安全检查等,检查内容按《建筑施工安全检查标准》(JGJ 59—2011)的要求执行。

施工现场环境监督管理是施工生产管理的重要环节,由项目经理负责,主要目标是保持现场良好的作业环境、卫生条件和工作秩序,做到预防污染,并预防可能出现的安全隐患,确保项目文明施工;有效实施现场管理,保护地下管线,发现文物古迹或爆炸物时及时报告,切实控制污水、废气、噪声、固体废弃物、建筑垃圾和渣土,正确处理有毒有害物质。这一工作中,安全员参与涉及安全施工和环境安全的工作,包括预防污染,发现爆炸物,控制污水、废气和噪声,处理有毒有害物质等。

4.项目安全生产事故应急救援演练;安全生产事故发生后应该做的工作。

项目安全生产事故应急救援演练是项目部根据项目应急救援预案进行的定期专项应急演练,由项目经理负责,安全员监督演练的定期实施、协助演练的组织工作。当安全生产事故发生后,项目经理负责组织、指挥救援工作,安全员参与组织救援。

安全生产事故发生后,施工单位要及时且如实报告,并采取措施防止事故扩大,保护事故现场。安全生产事故主要由政府组织调查,项目部的职责主要是协助调查。因此,安全员的职责就是协助调查人员对安全事故的调查、分析。

二、安全员的工作职责(表 0.1)

表 0.1 安全员的工作职责

项次	分类	主要工作职责
1	项目安全策划	(1)参与制订施工项目安全生产管理计划; (2)参与建立安全生产责任制度; (3)参与制订施工现场安全事故应急救援预案
2	资源环境安全检查	(1)参与开工前安全条件检查; (2)参与施工机械、临时用电、消防设施等的安全检查; (3)负责防护用品和劳保用品的符合性审查; (4)负责作业人员的安全教育培训和特种作业人员的资格审查
3	作业安全管理	(1)参与编制危险性较大的分部、分项工程专项施工方案; (2)参与施工安全技术交底; (3)负责施工作业安全及消防安全的检查和危险源的识别,对违章作业和安全隐患进行处置; (4)参与施工现场环境监督管理

续表0.1

项次	分类	主要工作职责
4	安全事故处理	(1)参与组织安全事故应急救援演练,参与组织安全事故救援; (2)参与安全事故的调查、分析
5	安全资料管理	(1)负责安全生产的记录、安全资料的编制; (2)负责汇总、整理、移交安全资料

三、安全员的知识目标(表0.2)

表0.2 安全员的知识目标

项次	分类	专业知识
1	通用知识	(1)熟悉国家工程建设相关法律法规; (2)熟悉工程材料的基本知识; (3)熟悉施工图识读的基本知识; (4)了解工程施工工艺和方法; (5)熟悉工程项目管理的基本知识
2	基础知识	(1)了解建筑力学的基本知识; (2)熟悉建筑构造、建筑结构和建筑设备的基本知识; (3)掌握环境与职业健康管理的基本知识
3	岗位知识	(1)熟悉与本岗位相关的标准和管理规定; (2)掌握施工现场安全管理知识; (3)熟悉施工项目安全生产管理计划的内容和编制方法; (4)熟悉安全专项施工方案的内容和编制方法; (5)掌握施工现场安全事故的防范知识; (6)掌握安全事故救援处理知识

四、安全员的技能目标(表0.3)

表0.3 安全员的技能目标

项次	分类	专业知识
1	项目安全策划	(1)能够参与编制项目安全生产管理计划; (2)能够参与编制安全事故应急救援预案
2	资源环境安全检查	(1)能够参与施工机械、临时用电、消防设施的安全检查,对防护用品与劳保用品进行符合性审查; (2)能够组织项目作业人员的安全教育培训
3	作业安全管理	(1)能够参与编制安全专项施工方案; (2)能够参与编制安全技术交底文件,实施安全技术交底; (3)能够识别施工现场危险源,并对安全隐患和违章作业提出处置建议; (4)能够参与项目文明工地、绿色施工管理
4	安全事故处理	能够参与安全事故的救援处理、调查分析
5	安全资料管理	能够编制、收集、整理施工安全资料

项目1 安全生产管理基本知识

1.熟悉安全与安全生产管理的基本概念,安全管理的目标、方针、法律、法规。

2.熟悉"安全第一,预防为主,综合治理"的安全生产方针。

1.能执行建筑施工安全法律、法规的规定。

2.能执行建筑施工安全技术规范要求及相关技术措施。

1.具有安全法律法规意识。

2.养成岗前熟悉安全规范、条例的习惯。

3.培养热爱本职工作的情感、价值观。

任务1 安全生产管理概述

1.1.1 安全生产、安全生产管理的基本概念及职责

1. 安全生产

安全即没有危险、不出事故,是指人的身体健康不受伤害,财产没有损失的状态。安全可分为人身安全和财产安全两种情形。

安全生产是指生产过程处于避免人身伤害、物的损坏及其他不可接受的损害风险(危险)的状态。不可接受的损害风险(危险)通常是指超出了法律、法规和规章的要求,超出了安全生产的方针、目标和企业的其他要求。

安全生产事关人民群众生命财产安全,事关改革开放、经济发展和社会大局稳定,事关党和政府的形象和声誉。《中华人民共和国建筑法》(以下简称《建筑法》)规定,建筑企业必须依法加强对建筑安全生产的管理,执行安全生产责任制度,采取有效措施,防止伤亡和其他安全事故的发生。

2.安全生产管理

安全管理(safety management)是管理科学的一个重要分支,它是为实现安全目标而进行的有关决策、计划、组织和控制等方面的活动;主要运用现代安全管理原理、方法和手段,分析和研究各种不安全因素,从技术上、组织上和管理上采取有力的措施,解决和消除各种不安全因素,防止事故的发生。因而安全管理可定义为:以安全为目的,进行有关决策、计划、组织和控制方面的活动。

控制事故可以说是安全管理工作的核心,而控制事故最好的方式就是实施事故预防,即通过管理和技术手段的结合,消除事故隐患,控制不安全行为,保障劳动者的安全,这也是"预防为主"的本质所在。

但根据事故的特性可知,由于受技术水平、经济条件等各方面的限制,有些事故是难以完全避免的。因此,控制事故的第二种手段就是采取应急措施,即通过抢救、疏散、抑制等手段,在事故发生后控制事故的蔓延,把事故的损失减少到最小。

事故总是会带来损失。对于一个企业来说,一个重大事故在经济上的打击是相当沉重的,有时甚至是致命的。因而在实施事故预防和应急措施的基础上,通过购买财产、工伤、责任等保险,以保险补偿的方式保证企业的经济平衡和在发生事故后恢复生产的基本能力,也是控制事故的手段之一。

所以,也可以说,安全管理就是利用管理的活动,将事故预防、应急措施与保险补偿三种手段有机地结合在一起,以达到保障安全的目的。

在企业安全管理系统中,专业安全工作者起着非常重要的作用。他们既是企业内部上下沟通的纽带,更是企业领导者在安全方面的得力助手,在充分掌握资料的基础上,为企业安全生产实施日常监管工作,并向有关部门或领导提出安全改造、管理方面的建议。

3. 建筑工程安全生产管理的含义

所谓建筑工程安全生产管理,是指为保证建筑生产安全所进行的计划、组织、指挥、协调和控制等一系列管理活动,目的在于保护职工在生产过程中的安全与健康,保证国家和人民的财产不受损失,保证建筑生产任务的顺利完成。建筑工程安全生产管理包括:建设行政主管部门对建筑活动过程中安全生产的行业管理;安全生产行政主管部门对建筑活动过程中安全生产的综合性监督管理;从事建筑活动的主体(包括建筑施工企业、建筑勘察单位、设计单位和工程监理单位)为保证建筑活动的安全生产所进行的自我管理等。

4. 安全生产管理的基本方针

《建筑法》规定"建筑工程安全生产管理必须坚持安全第一,预防为主的方针",《中华人民共和国安全生产法》在总结我国安全生产管理的经验的基础上,再一次将"安全第一,预防为主"定为我国安全生产管理的基本方针。

我国安全生产方针经历了一个从"安全生产"到"安全生产,预防为主"以及"安全生产,预防为主,综合治理"的产生和发展过程,且强调在生产中要做好预防工作,尽可能地将事故消灭在萌芽状态之中,归纳起来主要有以下几个方面的内容:

(1)安全生产的重要性。生产过程中的安全是生产发展的客观需要,特别是现代化生产,更不允许有所忽视,必须强化安全生产,在生活、生产中把安全工作放在第一位,尤其是当生产与安全发生矛盾时,生产应服从安全,这是安全第一的含义。在社会主义国家里,安全生产又有其重要意义,它是国家的一项重要政策,是社会主义企业管理的一项重要原则,这是社会主义制度决定的。

(2)安全与生产的辩证关系。在生产建设中,必须用辩证统一的观点处理好安全与生产的关系。这就是说,项目领导者必须善于安排好安全工作与生产工作,特别是在生产任务繁忙的情况下,安全工作与生产工作发生矛盾时,更应处理好两者的关系,不要把安全工作挤掉。越是生产任务忙,越要重视安全,把安全工作搞好;否则,就易造成工伤事故,既妨碍生产,又影响企业信誉,这是多年来生产实践证明了的一条重要经验。

(3)安全生产工作必须强调预防为主。安全生产工作以预防为主是现代生产发展的需要。现代科学技术日新月异,有时候往往是多学科综合运用,安全问题十分复杂,稍有疏忽就会酿成事故。预防为主,就是要在事故发生前做好安全工作,防患于未然。依靠科技进步,加强安全科学管理,搞好科学预测与分析工作;把工伤事故和职业危害消灭在萌芽状态中。安全第一、预防为主、综合治理之间是相辅相成、相互促进的。"预防为主"是实现"安全第一"的基础。要做到安全第一,首先要搞好预防措施。预防工作做好了,就可以保证安全生产,否则"安全第一"就是一句空话,这也是在实践中证明了的一条重要经验。

(4)安全生产工作必须强调综合治理。现阶段我国的安全生产工作出现这样或那样的严峻形势,原因是多方面的,既有安全监管体制和制度方面的原因,又有法律制度不健全的原因,也有科技发展落后的原因,还与整个民族安全文化素质有密切的关系,等等。所以,要搞好安全生产工作,就要在完善安全生产管理体制机制、加强安全生产法制建设、推动安全科学技术创新、弘扬安全文化等方面进行综合治理,这样才能真正搞好安全生产工作。

(5)从实践中看,坚持"安全第一,预防为主,综合治理"的方针,应当做到以下几点:

①从事建筑活动的单位的各级管理人员和全体职工,尤其是单位负责人,一定要牢固树立安全第一的意识,正确处理安全生产与工程进度、效益等方面的关系,把安全生产放在首位。

②要加强劳动安全生产工作的组织领导和计划性。在建筑活动中加强对安全生产的统筹规划和各方面的通力协作。

③要建立健全安全生产的责任制度和群防群治制度。

④要对有关管理人员及职工进行安全教育培训,未经安全教育培训的,不得从事安全管理工作或者上岗作业。

⑤建筑施工企业必须为职工发放保障安全生产的劳动保护用品。

⑥使用的设备、器材、仪器和建筑材料必须符合保证生产安全的国家标准和行业标准。

5.施工单位主要负责人、项目负责人、总分包单位等安全生产责任制的规定

《国务院关于坚持科学发展安全发展促进安全生产形势持续稳定好转的意见》(国发〔2011〕40号)中指出,认真落实企业安全生产主体责任。企业必须严格遵守和执行安全生产法律、法规、规章制度和技术标准,依法依规加强安全生产,加大安全投入,健全安全管理机构,加强班组安全建设,保持安全设备设施完好有效。

施工单位主要负责人对安全生产工作全面负责。《建筑法》规定,建筑施工企业的法人代表对本企业的安全生产负责。《建筑工程安全生产管理条例》也规定,施工单位主要负责人依法对本单位的安全生产全面负责。

项目负责人对建设工程项目的安全施工负责。《建筑工程安全生产管理条例》规定,施工单位的项目负责人应当由取得相应资质的人员担任,对建设工程项目的安全施工负责,落实安全生产责任制、安全生产规章制度和操作规程,确保安全生产费用的有效使用,并根据工程的特点组织采取安全生产措施,消除安全事故隐患。

施工总包单位和分包单位按照《建筑法》规定,施工现场安全由建筑施工企业负责。实行施工总承包的,由总承包单位负责。分包单位向总承包单位负责,服从总承包单位对施工现场的安全生产管理。

1.1.2　建筑施工安全管理中的不安全因素与安全管理特点

1.1.2.1　建筑施工安全管理中人和物的不安全因素

1. 人的不安全因素

人的不安全因素,是指对安全产生影响的人方面的因素,即能够使系统发生故障或发生性能不良的事件的人员、个人的不安全因素和违背设计和安全要求的错误行为。人的不安全因素可分为个人的不安全因素和人的不安全行为两个大类。

(1)个人的不安全因素

个人的不安全因素是指人员的心理、生理、能力中所具有的不能适应工作、作业岗位要求的影响安全的因素。个人的不安全因素主要包括:

①心理上的不安全因素,是指人在心理上具有影响安全的性格、气质和情绪,如急躁、懒散、粗心等。

②生理上的不安全因素,包括视觉和听觉等感觉器官、体能、年龄、疾病等不适合工作或作业岗位要求的影响因素。

③能力上的不安全因素,包括知识技能、应变能力、资格等不能适应工作或作业岗位要求的影响因素。

(2)人的不安全行为

人的不安全行为是指造成事故的人为错误,是人为地使系统发生故障或发生性能不良事件,是违背设计和操作规程的错误行为。

不安全行为产生的主要原因:系统、组织的原因;思想责任性的原因;工作的原因。诸多事故分析表明,绝大多数事故不是因技术落后造成的,多是违规、违章所致。由于安全上降低标准、减少投入,安全组织措施不落实、不建立安全生产责任制,缺乏安全技术措施,没有安全教育、安全检查制度,不做安全技术交底、违章指挥、违章作业、违反劳动纪律等人为原因造成事故,所以必须重视并防止产生人的不安全因素。

2. 施工现场物的不安全状态

物的不安全状态是指能导致事故发生的物质条件,包括机械设备等物质或环境所存在的不安全因素。图1.1所示为施工现场狭窄空间,图1.2所示为施工现场材料杂乱堆放。

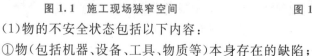

图1.1　施工现场狭窄空间　　　　　　图1.2　施工现场材料杂乱堆放

(1)物的不安全状态包括以下内容:

①物(包括机器、设备、工具、物质等)本身存在的缺陷;

②防护保险方面的缺陷；

③物的放置方法的缺陷；

④作业环境场所的缺陷；

⑤外部的和自然界的不安全状态；

⑥作业方法导致的物的不安全状态；

⑦保护器具信号、标志和个体防护用品的缺陷。

(2)物的不安全状态包括以下类型：

①防护等装置缺乏或有缺陷；

②设备、设施、工具、附件有缺陷；

③个人防护用品、用具缺乏或有缺陷；

④施工生产场地环境不良。

1.1.2.2 管理上的不安全因素

管理上的不安全因素，通常也称为管理上的缺陷，也是事故潜在的不安全因素，作为间接的原因，共有以下几个方面：

(1)技术上的缺陷；

(2)教育上的缺陷；

(3)生理上的缺陷；

(4)心理上的缺陷；

(5)管理工作上的缺陷；

(6)教育和社会、历史上的原因造成的缺陷。

1.1.3 建筑工程施工安全管理的特点

1.建设产品的固定性、作业环境的局限性导致安全管理的难度增大

建设产品的固定性，导致施工作业必须围绕建筑产品在有限的场地和空间上集中大量的人力、材料、机具、设备等进行多工种的交叉作业，这种作业环境的局限性，容易发生伤亡事故。

2.建筑施工作业条件恶劣导致安全管理的艰巨性

建筑工程施工大多是在露天空旷的场地上完成的，受自然环境、气候(如风、霜、雨、雪、雷电、高温、酷暑等)的影响大，这都将导致作业条件的艰巨性，容易发生伤亡事故。

3.建筑施工的高空作业致使安全管理的难度加大

建设产品的体积十分庞大，施工操作大多在十几米、几十米甚至几百米的高处作业，因而容易产生高处坠落、物体打击等伤亡事故。

4.施工作业的流动性和开放系统导致安全管理的复杂性和交叉性

由于建设产品的固定性，当这一产品完成后，施工单位就必须转移到新的施工地点，这就造成施工人员的流动性。不同的作业环境、不同的作业队伍，具有不同的安全生产管理特点，安全管理很难形成一套行之有效的相对固定的管理模式。这就给施工安全管理带来了难度。

建设工程项目是开放系统，受自然环境和社会坏境影响很大，安全生产管理需要把工程系统、环境系统及社会系统结合起来。

5.手工操作多、体力消耗大、强度高导致安全管理中的个体劳动保护的艰巨性

在恶劣的作业环境下，施工工人的手工操作多，体能耗费大，劳动时间和劳动强度都比其

他行业要大,其职业危险重大,造成了个人劳动保护的艰巨性。

6.建筑产品的多样性和单件性、施工工艺多变性导致安全管理的复杂性

建筑产品具有多样性和单件性以及施工生产工艺复杂多变的特点,如不能按同一施工图、统一的施工工艺、同一生产设备进行批量重复生产;施工生产组织机构变动频繁,生产经营的"一次性"特征突出;同时,随着工程建设的进展,施工现场的不安全因素也在随时发生变化,这就要求施工单位必须针对工程进度和施工现场实际情况,不断地采取相应的安全技术措施和安全管理措施以保证施工安全。

7.多工种立体交叉作业导致安全管理的复杂性

近年来,建筑由低向高发展,劳动密集型的施工作业只能在极其有限的空间展开,致使施工作业的空间要求与施工条件的供给的矛盾日益突出,这种多工种的立体交叉作业,将导致机械伤害、物体打击等事故的增多。

8.安全生产管理的严谨性

安全状态具有触发性,安全管理措施必须严谨,一旦失控,就会造成不可弥补的损失。

1.1.4 建筑施工安全管理的主要内容

(1)制定安全政策:施工单位不仅要满足法律上的规定和道义上的责任,而且要最大限度地满足业主、雇员和全社会的要求。施工单位的安全政策必须有效并有明确的目标。安全政策的目标应保证现有的人力、物力资源的有效利用,并且减少发生经济损失和承担责任的风险。安全政策能够影响施工单位很多决定和行为,包括资源和信息的选择、产品的设计和施工以及现场废弃物的处理等。加强制度建设是确保安全政策顺利实施的前提。

(2)建立健全安全管理组织体系:如果仅有一项政策,没有相应的组织去贯彻落实,政策就是一纸空文。一定的组织机构和系统,是确保安全政策、安全目标顺利实现的前提。

(3)安全生产管理计划和实施:计划和实施目标。

(4)安全生产管理业绩考核:任何一个施工单位,其安全生产管理的成功与否,应该由事先订立的评价标准进行测量,以发现何时何地需要改进哪方面的工作。施工单位应采用涉及一系列方法的自我监控技术,用于判断控制风险的措施成功与否,找出存在于安全管理系统的设计和实施过程中存在的问题,以避免事故和损失。

(5)安全管理业绩总结:施工单位需要对过去的资料和数据进行系统的分析总结,以作为今后工作的参考,这是安全生产管理的重要工作环节。安全业绩良好的施工单位能通过企业内部的自我规范和约束以及与竞争对手的比较,持续不断改进。

1.1.5 施工现场安全管理的范围与原则

1.1.5.1 施工现场安全管理的范围

安全管理的中心问题,是保护生产活动中人的健康与安全以及财产不受损失,保证生产顺利进行。概括地讲,宏观的安全管理包括劳动保护、施工安全技术和职业健康安全,它们是既相互联系又相互独立的三个方面。

(1)劳动保护偏重于以法律、法规、规程、条例、制度等形式规范管理或操作行为,从而使劳动者的劳动安全与身体健康得到应有的法律保障。

(2)施工安全技术侧重于对"劳动手段与劳动对象"的管理,包括预防伤亡事故的工程技术

和安全技术规范、规程、技术规定、标准条例等，以规范物的状态，减轻对人或物的威胁。

（3）职业健康安全着重于施工生产中粉尘、振动、噪声、毒物的管理。通过防护、医疗、保健等措施，防止劳动者的安全与健康受到有害因素的危害。

1.1.5.2　施工现场安全管理的基本原则

1.管生产的同时管安全

安全寓于生产之中，并对生产发挥促进与保证作用，安全管理是生产管理的重要组成部分。在实施过程中，安全与生产存在着密切联系，没有安全就绝不会有高效益的生产。无数事实证明，只抓生产忽视安全管理的观念和做法是极其危险和有害的。因此，各级管理人员必须负责管理安全工作，在管理生产的同时管理安全。

2.明确安全生产管理的目标

安全管理的内容是对生产中人、物、环境等因素状态的管理，有效地控制人的不安全行为和物的不安全状态，消除或避免事故，达到保护劳动者安全和健康与财物不受损的目标。

3.必须贯彻预防为主的方针

安全生产的方针是"安全第一，预防为主，综合治理"。"安全第一"是把人身和财产安全放在首位，安全为了生产，生产必须保证人身和财产安全，充分体现"以人为本"的理念。

"预防为主"是实现"安全第一"的重要手段，采取正确的措施和方法进行安全控制，使安全生产形势向安全生产目标的方向发展。进行安全管理不是处理事故，而是在生产活动中，针对生产的特点，对各生产因素进行管理，有效地控制不安全因素的发生、发展与扩大，把事故隐患消灭在萌芽状态。

"综合治理"就是要在完善安全生产管理的体制机制、加强安全生产法制建设、推动安全科学技术创新、弘扬安全文化等方面进行综合治理。

4.坚持"四全"动态管理

安全管理涉及生产活动中的方方面面，涉及参与安全生产活动的各个部门和每一个人，涉及从开工到竣工交付的全部生产过程，涉及全部的生产时间，涉及一切变化着的生产因素。因此，生产活动中必须坚持全员、全过程、全方位、全天候的动态安全管理。

5.安全管理重在控制

进行安全管理的目的是预防、消灭事故，防止或消除事故危害，保护劳动者的人身安全与财产安全。在安全管理的前四项内容中，虽然都是为了达到安全管理的目标，但是对安全生产因素状态的控制，与安全管理的关系更直接，显得更为突出。因此，对生产中的人的不安全行为和物的不安全状态的控制，必须看作是动态的安全管理的重点，事故的发生是由于人的不安全行为运动轨迹与物的不安全状态运动轨迹的交叉。

6.在管理中发展、提高

既然安全管理是在变化着的生产活动中的管理，是一种动态的过程，其管理就意味着是不断发展的、不断变化的，以适应变化的生产活动。然而更为重要的是要不间断地摸索新的规律，总结管理、控制的办法与经验，掌握新变化后的管理方法，从而使安全管理不断地上升到新的高度。

1.1.6　危险源、重大风险的识别与判断

1.1.6.1　危险源概述

1. 危险源的定义

危险源是各种事故发生的根源,是指可能导致死亡、伤害或疾病、财产损失、工作环境被破坏或这些情况组合的根源或状态。包括人的不安全行为、物的不安全状态、管理上的缺陷和环境上的缺陷等。该定义包括以下四个方面的含义:

(1)决定性。事故的发生以危险源的存在为前提,危险源的存在是事故发生的基础,离开了危险源就不会有事故。

(2)可能性。危险源并不会必然导致事故,只有失去控制或控制不足的危险源才可能导致事故。

(3)危害性。危险源一旦转化为事故,就会给生产和生活带来不良影响,还会对人的生命健康、财产安全以及生存环境等造成危害。

(4)隐蔽性。危险源是潜在的,一般只有当事故发生时才会明确地显现出来。人们对危险源及其危险性的认识往往是一个不断总结教训并逐步完善的过程。

危险源是安全控制的主要对象,所以,有人把安全控制也称为危害控制或安全风险控制。

2. 危险源的分类

危险源的分类是为了便于进行危险源的识别与分析。危险源的分类方法有多种,可按危险源在事故发生过程中的作用、引起的事故类型、导致事故和职业危害的直接原因、职业病类别等分类。

(1)按危险源在事故发生过程中的作用分类

在实际生活和生产过程中,危险源是以多种多样的形式存在的,危险源导致的事故可归结为能量的意外释放或有害物质的泄漏。根据危险源在事故发生发展中的作用,把危险源分为第一类危险源和第二类危险源。

第一类危险源是指可能发生意外释放的能量的载体或危险物质。通常把产生能量的能量源或拥有能量的能量载体作为第一类危险源来处理。

第二类危险源是指造成约束、限制能量的措施失效或破坏的各种不安全因素。生产过程中的能量或危险物质受到约束或限制,在正常情况下,不会发生意外释放,即不会发生事故;但是一旦约束或限制能量或危险物质的措施受到破坏或失效(故障),则将发生事故。第二类危险源包括人的不安全行为、物的不安全状态和不利环境条件三个方面。建筑工地绝大部分危险和有害因素属于第二类危险源。

人的不安全行为是指使事故有可能或有机会发生的人的行为,根据《企业伤亡事故分类标准》,包括操作失误、忽视安全、使用不安全设备、物体存放不当等,主要表现为违章指挥、违章作业、违反劳动纪律等。

物的不安全状态是指使事故有可能或有机会发生的物体、物质的状态,如设备故障或缺陷。

事故的发生是两类危险源共同作用的结果,第一类危险源是事故的前提,是事故的主体,决定事故的严重程度;第二类危险源的出现是第一类危险源导致事故的必要条件,决定事故发生的可能性大小。

（2）按引起的事故类型分类

综合考虑事故的起因物、致害物、伤害方式等特点，将危险源及危险源造成的事故分为 20 类。施工现场危险源识别时，对危险源或其造成的伤害的分类多采用此法。具体分为：物体打击、车辆伤害、机械伤害、起重伤害、触电、淹溺、灼烫、火灾、高处坠落、坍塌、冒顶片帮、透水、放炮、火药爆炸、瓦斯爆炸、锅炉爆炸、容器爆炸、其他爆炸（化学爆炸、炉膛爆炸、钢水爆炸等）、中毒和窒息、其他伤害（扭伤、跌伤、野兽咬伤等）。在建设工程施工生产中，最主要的事故类型是高处坠落、物体打击、触电事故、机械伤害、坍塌事故、火灾和爆炸等。

1.1.6.2　危险源的识别与判断

危险源辨识是识别危险源的存在并确定其特性的过程。施工现场危险源识别的方法有：专家调查法、安全检查表法、现场调查法、工作任务分析法、危险与可操作性研究、事件树分析、故障树分析等，其中现场调查法是主要采用的方法。

（1）危险源辨识的方法

①专家调查法，是通过向有经验的专家咨询，调查、辨识、分析和评价危险源的一类方法。其优点是简便易行，其缺点是受专家的知识、经验和占有资料的限制，可能出现遗漏。常用的有头脑风暴法和德尔菲法。

头脑风暴法是通过专家创造性的思考，从而产生大量的观点、问题和议题的方法。其特点是多人讨论，集思广益，可以弥补个人判断的不足，常采取专家会议的方式来相互启发、交换意见，使危险、危害因素的辨识更加细致、具体。常用于目标比较单纯的议题，如果涉及面较广，包含因素多，可以分解目标，再对单一目标或简单目标使用本方法。

德尔菲法是采用背对背的方式对专家进行调查，主要特点是避免了集体讨论中的从众性倾向，更代表专家的真实意见。要求对调查的各种意见进行汇总统计处理，再反馈给专家反复征求意见。

②安全检查表法，实际就是实施安全检查和诊断项目的明细表。运用已编制好的安全检查表，进行系统的安全检查，辨识工程项目存在的危险源。检查表的内容一般包括分类项目、检查内容及要求、检查以后处理意见等。

安全检查表法的优点：简单易懂，容易掌握，可以事先组织专家编制检查项目，使安全检查做到系统化、完整化。其缺点是一般只能做出定性评价。

③现场调查法，通过询问交谈、现场观察、查阅有关记录，获取外部信息，加以分析研究，可识别有关的危险源。包括以下程序：

a.询问交谈，对于施工现场的某项作业技术活动有经验的人，往往能指出其作业技术活动中的危险源，从中可初步分析出该项作业技术活动中存在的各类危险源。

b.现场观察，通过对施工现场作业环境的现场观察，可发现存在的危险源，但要求从事现场观察的人员具有安全生产、劳动保护、环境保护、消防安全等法律法规知识，掌握建设工程安全生产、职业健康安全等法律法规、标准规范知识。

c.查阅有关记录，查阅企业的事故、职业病记录，可从中发现存在的危险源。

d.获取外部信息，从有关类似企业、类似项目、文献资料、专家咨询等方面获取有关危险源信息，加以分析研究，有助于识别本工程项目施工现场有关的危险源。

e.检查表，运用已编制好的检查表，对施工现场进行系统的安全检查，可以识别出存在的危险源。

图 1.3 所示为施工现场危险源告知牌,图 1.4 所示为施工现场危险源标识。

图 1.3　施工现场危险源告知牌

图 1.4　施工现场危险源标识

（2）危险源识别应注意的事项

①充分了解危险源的分布。从范围上讲,应包括施工现场内受到影响的全部人员、活动与场所,以及受到影响的毗邻社区等,也包括相关方（分包单位、供应单位、建设单位、工程监理单位等）的人员、活动与场所可能施加的影响;从内容上,应涉及所有可能的伤害与影响,包括人为失误,物料与设备过期、老化、性能下降造成的问题;从状态上讲,应考虑三种状态:正常状态、异常状态、紧急状态;从时态上讲,应考虑三种时态:过去、现在、将来。

②弄清危险源伤害的方式或途径。

③确认危险源伤害的范围。

④要特别关注重大危险源,防止遗漏。

⑤对危险源保持高度警觉,持续进行动态识别。

⑥充分发挥全体员工对危险源识别的作用,广泛听取每一个员工（包括供应商、分包商的员工）的意见和建议,必要时还可征求设计单位、工程监理单位、专家和政府主管部门等的意见。

（3）风险评价方法

风险是某一特定危险情况发生的可能性和后果的结合。风险评价是评估危险源所带来的风险大小及确定风险是否可容许的全过程。根据评价结果对风险进行分级,弄清楚哪些是高度风险,哪些是一般风险,哪些是可忽略的风险,按不同级别的风险有针对性地进行风险控制。

评价应围绕可能性和后果两个方面综合进行。安全风险评价的方法很多,如专家评估法、作业条件危险性评价法、安全检查表法、预先危险分析法等,一般通过定量和定性相结合的方法进行危险源的评价。主要采取专家评估法直接判断,必要时可采用定量风险评价法、作业条件危险性评价法、安全检查表法判断。

①专家评估法,组织有丰富知识,特别是有系统安全工程知识的专家,熟悉本工程项目施工生产工艺的技术和管理人员组成评价组,通过专家的经验和判断能力,针对管理、人员、工艺、设备、设施、环境等方面已识别的危险源,评价出对本工程施工安全有重大影响的重大危险源。

②定量风险评价法,将安全风险的大小用事故发生的可能性（p）与事故后果的严重程度（f）的乘积来衡量,即

$$R = p \cdot f \tag{1.1}$$

式中　R——风险的大小;

p——事故发生的概率；

f——事故后果的严重程度。

根据估算结果，可按表 1.1 对风险的大小进行分级。

表 1.1　风险分级

可能性(p)	轻度损失 （轻微伤害）	中度损失 （伤害）	重大损失 （严重伤害）
很大	Ⅲ	Ⅳ	Ⅴ
中等	Ⅱ	Ⅲ	Ⅳ
极小	Ⅰ	Ⅱ	Ⅲ

③作业条件危险性评价法，用与系统危险性有关的三个因素指标之积来评价作业条件的危险性。危险性以下式表示：

$$D = L \cdot E \cdot C \tag{1.2}$$

式中　L——发生事故的可能性大小，按表 1.2 取值；

　　　E——人体暴露在危险环境中的频繁程度，按表 1.3 取值；

　　　C——一旦发生事故会造成的后果，按表 1.4 取值；

　　　D——风险值。

表 1.2　发生事故的可能性大小(L)

分数值	事故发生的可能性	分数值	事故发生的可能性
10	必然发生	0.5	很不可能，可以设想
6	相当可能	0.2	极不可能
3	可能，但不经常	0.1	实际不可能
1	可能性小，完全意外		

表 1.3　人体暴露在危险环境中的频繁程度(E)

分数值	暴露于危险环境中的频繁程度	分数值	暴露于危险环境中的频繁程度
10	连续暴露	2	每月一次暴露
6	每天工作时间内暴露	1	每年几次暴露
3	每周一次或偶尔暴露	0.5	非常罕见暴露

表 1.4　发生事故造成的后果(C)

分数值	发生事故造成的后果	分数值	发生事故造成的后果
100	大灾难，许多人死亡（10 人以上死亡/直接经济损失 100 万～300 万元）	7	严重（伤残/经济损失 1 万～10 万元）
40	灾难，多人死亡（3～9 人死亡/直接经济损失 30 万～100 万元）	3	较严重（重伤/经济损失 1 万元以下）
15	非常严重（1～2 人死亡/直接经济损失 10 万～30 万元）	1	引人关注，轻伤（损失 1～105 工日的失能伤害）

根据式(1.2)就可以计算作业的危险性程度。一般,D 值大于或等于 70 分值的显著危险、高度危险和极其危险统称为重大风险;D 值小于 70 分值的一般危险和稍有危险统称为一般风险,如表 1.5 所列。

表 1.5　危险性分值

D 值	危险程度	风险等级
>320	极其危险,不能继续作业	5
160~320	高度危险,要立即整改	4
70~160	显著危险,需整改	3
20~70	一般危险,需注意	2
<20	稍有危险,可以接受	1

危险等级的划分是凭经验判断的,难免带有局限性,应用时需根据实际情况予以修正。

作业条件危险性评价法示例见表 1.6。

表 1.6　作业条件危险性评价法示例

序号	作业活动	危险因素	可能导致的事故	事故发生的可能性(L) 10	3	1	暴露的频繁程度(E) 10	6	3	后果及严重程度(C) 40	7	3	$D=L \cdot E \cdot C$	危险等级	是否确定为重大安全风险
1	主体工程施工	架体外架防护、层间防护未设防护栏、安全网、挡脚板	物体打击、高处坠落		√			√		√			360	5	√
2	主体工程施工	混凝土浇捣过程的噪声	听力危害		√			√				√	27	2	×
3	主体工程施工	混凝土浇捣不按操作规程进行	机械伤害		√			√			√		63	2	×
4	主体工程施工	焊接漏电、破皮、火花、辐射、有害气体	触电、火灾、灼伤、视力伤害、中毒和窒息		√			√				√	54	2	×

④安全检查表法,把过程加以展开,列出各层次的不安全因素,然后确定检查项目,以提问的方式把检查项目按过程的组成顺序编制成表,按检查项目进行检查或评审。

(4)重大危险源的判断依据

凡符合以下条件之一的危险源,均可判定为重大危险源:

①严重不符合法律法规、标准规范和其他要求;

②相关方有合理抱怨和要求;

③曾经发生过事故,且未采取有效防范控制措施;

④直接观察到可能导致危险且无适当控制措施;

⑤采用作业条件危险性评价方法,总分大于 160 分是高度危险的。

重大危险源具体评价时,应结合工程和服务的主要内容进行,并考虑日常工作中的重点。

安全风险评价结果应形成评价记录,一般可与危险源识别结果合并记录,通常列表记录。对确定的重大危险源还应另列清单,并按优先考虑的顺序排列。

施工现场危险源识别、评价结果参见表 1.7、表 1.8。

表 1.7 施工现场危险源识别、评价结果表示例
(按作业活动分类编制)

序号	施工阶段	作业活动	危险源	可能导致的事故	风险级别	控制措施
1	基坑施工	土方机械	铲运机行驶时驾驶室外载人	机具伤害	一般	管理程序、应急预案
2	基坑施工	土方机械	多台铲运机同时作业时,未空开安全距离	机具伤害	一般	管理程序、应急预案
3	结构施工	钢筋工程	钢筋机械无漏电保护器	触电	一般	管理程序、应急预案
4	结构施工	钢筋工程	钢筋在吊运中未降到 1m 就靠近	物体打击	一般	管理程序、应急预案

表 1.8 施工现场危险源识别、评价结果表示例
(按造成的危害分类编制)

序号	危险源	可能对安全产生的影响	可能性			严重性			综合得分	评价结果	策划结果
			可能	不太可能	几乎不太可能	严重	重大	一般			
			3	2	1	3	2	1			
1	脚手板有探头板	高处坠落		√			√		4	一般	检查
2	脚手板不满铺	高处坠落	√					√	3	一般	检查
3	悬挑脚手架防护不严密	高处坠落	√				√		6	重大	控制

1.1.6.3 安全控制

在识别了危险源并弄清了风险的大小后,便可按不同级别的风险有针对性地进行安全控制。

安全控制是对生产过程中涉及的计划、组织、监控、调节和改进等一系列致力于满足生产安全所进行的管理活动。

1.1.7 施工安全控制

1.1.7.1 安全控制目标

安全控制的目标是减少和消除生产过程中的事故,保证人员健康安全和财产免受损失。具体包括:

(1)减少或消除人的不安全行为的目标;

(2)减少或消除设备、材料的不安全状态的目标;

(3)改善生产环境和保护自然环境状态的目标;

(4)安全管理的目标。

1.1.7.2 施工安全控制的基本要求与程序

1.施工安全控制的基本要求

(1)必须取得安全行政主管部门颁发的施工企业安全资格审查许可证后才可开工。

(2)总承包单位和每一个分包单位都应持有施工企业安全资格审查许可证。

(3)各类人员必须具有相应的执业资格才能上岗。

(4)所有新员工必须通过三级安全教育,即公司、项目部和进班组的安全教育。

(5)特殊工种作业人员必须持有特种作业操作证,并严格按规定定期复查。

(6)对查出的安全隐患要做到“五定”,即定期改责任人,定期改措施,定期改完成时间,定期改完成人,定期改验收人。

(7)必须把好安全“六关”,即措施关、交底关、教育关、防护关、检查关、改进关。

(8)施工现场安全设施齐全,并符合国家及地方有关规定。

(9)施工机械(特别是现场安置的机械设备等)必须经安全检查验收合格。

2.施工安全控制的一般程序

(1)确定建设工程项目施工的安全目标

按目标管理方法在以项目经理为首的项目管理系统内进行安全管理目标分解,从而确定每个岗位的安全目标,实现全员安全控制。

(2)编制工程项目施工安全技术措施计划

总的来说,安全技术措施计划是在对生产过程中存在的安全风险进行识别和评价的前提下,用技术手段对其不安全因素加以消除和控制,并形成文件。建设工程项目施工安全技术措施计划的主要内容包括:工程概况、控制目标、控制程序、组织机构、职责权限、规章制度、资源配置、安全措施、检查评价、奖惩制度等。施工安全技术措施计划是进行工程项目施工安全控制的指导性文件。

(3)安全技术措施计划的实施

包括建立健全安全生产责任制、设置安全生产设施、进行安全教育和培训、安全措施计划实施的监督检查,通过安全控制使生产作业的安全状况处于受控状态。

(4)施工安全技术措施计划的验证

包括安全检查、纠正不符合的安全情况,并做好检查记录工作。根据实际情况补充和修改安全技术措施。

(5)持续改进,直至完成建设工程项目的所有工作

由于建设工程项目的开放性,在项目实施过程中,各种条件可能有所变化,以致造成对安

全风险评价的结果失真,使得安全技术措施与变化的条件不相适应,此时应考虑是否对安全风险重新评价和是否有必要更改安全技术措施计划。

思考与练习

1.什么是安全、安全生产?

2.施工现场的不安全因素有哪些?

3.我国安全生产的方针是什么?

4.什么是第一类危险源?什么是第二类危险源?

5.施工现场安全管理的基本原则是什么?

任务2　建筑安全生产相关法律、法规概述

安全生产法律法规,是指国家关于改善劳动条件,实现安全生产,为保护劳动者在生产过程中的安全和健康的各种法律、法规、规章和规范性文件的总和。在建筑活动中,施工管理者必须遵循相关的法律、法规及标准,同时应当了解法律、法规及标准各自的地位及相互关系。

1.2.1　建筑法律

建筑法律一般是全国人大及其常务委员会制定,经国家主席签署主席令予以公布,由国家政权保证执行的规范性文件。建筑法律是对建筑管理活动的宏观规定,侧重于对政府机关、社会团体、企事业单位的组织、职能、权利、义务等,以及建筑产品生产组织管理和生产基本程序进行规定,是一切建筑法律的最高层次,具有最高法律效力,其地位和效力仅次于宪法。安全生产法律是制定安全生产行政法规、标准、地方法规的依据。典型的建筑法律有:《中华人民共和国建筑法》、《中华人民共和国安全生产法》和《中华人民共和国消防法》等。

1.《中华人民共和国建筑法》

《中华人民共和国建筑法》于1997年11月1日经第八届全国人民代表大会常务委员会第二十八次会议通过,1997年11月1日中华人民共和国主席令第91号发布,自1998年3月1日起施行。《中华人民共和国建筑法》是我国第一部规范建筑活动的部门法律,它的颁布施行强化了建筑工程质量和安全的法律保障。2011年4月22日,中华人民共和国第十一届全国人民代表大会常务委员会第二十次会议通过了修改的《中华人民共和国建筑法》,自2011年7月1日起实施。2019年4月23日,中华人民共和国第十三届全国人民代表大会常务委员会第十次会议通过了修改的《中华人民共和国建筑法》,自2019年11月1日施行。现行《中华人民共和国建筑法》(以下简称《建筑法》)共8章85条,通篇贯穿了质量与安全问题,具有很强的针对性。

(1)《建筑法》颁布的意义

①规范了我国各类房屋建筑及其附属设施建造和安装活动。

②保证了建筑工程质量与安全,规范和保障了建筑各方主体的权益。

③对建筑施工许可、建筑工程发包与承包、建筑安全生产管理、建筑工程质量管理等主要方面做出了原则规定,对加强建筑质量管理发挥了积极的作用。

④该法的颁布对加强建筑活动的监督管理,维护建筑市场秩序,保证建设工程质量和安

全,促进建筑业的健康发展,提供了法律保障。

⑤该法实现了"三个规范",即规范市场主体行为,规范市场主体的基本关系,规范市场竞争秩序。

《建筑法》主要规定了建筑施工许可、建筑工程发包与承包、建筑工程监理、建筑安全生产管理、建筑工程质量管理及相应法律责任等方面的内容。

《建筑法》确立了施工许可证制度、单位和人员从业资格制度、安全生产责任制度、群防群治制度、项目安全技术管理制度、施工现场环境安全防护制度、安全生产教育培训制度、意外伤害保险制度、伤亡事故处理报告制度等各项制度。

(2)制订了针对安全生产管理制度的相关措施

①建筑工程设计应当符合按照国家规定制定的建筑安全规程和技术规范,保证工程安全的措施。

②建筑施工企业在编制施工组织设计时,应当根据建筑工程的特点制订相应的安全技术措施。

③施工现场对毗邻的建筑物、构筑物的特殊作业环境可能造成损害的,建筑施工企业应当采取安全防护措施。

④建筑施工企业的法人代表对本企业的安全生产负责,施工现场安全由建筑施工企业负责,实行施工总承包的,由总承包单位负责。

⑤建筑施工企业必须为从事危险作业的职工办理意外伤害保险,并支付保险费。

⑥涉及建筑主体和承重结构变动的装修工程,施工前应提出设计方案,没有设计方案的不得施工。

⑦房屋拆除应当由具备保证安全条件的建筑施工单位承担,由建筑施工单位负责人对安全负责。

2.《中华人民共和国安全生产法》

《中华人民共和国安全生产法》(以下简称《安全生产法》)由中华人民共和国第九届全国人民代表大会常务委员会第二十八次会议于 2002 年 6 月 29 日通过,自 2002 年 11 月 1 日起施行;2009 年 8 月 27 日第十一届全国人民代表大会第十次会议通过修订;2014 年 8 月 31 日第十二届全国人民代表大会第十次会议通过修订,自 2014 年 12 月 1 日起施行;2021 年 6 月 10 日第十三届全国人民代表大会第二十九次会议通过修订,自 2021 年 9 月 1 日起施行。

《安全生产法》是安全生产领域的综合性基本法,它是我国第一部全面规范安全生产的专门法律;是我国安全生产法律体系的主体法;是各类生产经营单位及其从业人员实现安全生产所必须遵循的行为准则;是各级人民政府及其有关部门进行监督管理和行政执法的法律依据;是制裁各种安全生产违法犯罪行为的有力武器。

(1)《安全生产法》颁布的意义

《安全生产法》明确了生产经营单位必须做好安全生产的保证工作,既要在安全生产条件上、技术上符合生产经营的要求,也要在组织管理上建立健全安全生产责任并进行有效落实;明确了从业人员为保证安全生产所应尽的义务,也明确了从业人员进行安全生产所享有的权利;明确规定了生产经营单位负责人的安全生产责任;明确了对违法单位和个人的法律责任追究制度;明确了要建立事故应急救援制度,制订应急救援预案,形成应急救援预案体系。

(2)《安全生产法》中提供了四种监督途径

　　《安全生产法》中提供了四种监督途径,即工会民主监督、社会舆论监督、公众举报监督和社区服务监督。

　　《安全生产法》确立了其基本法律制度,如政府的监管制度、行政责任追究制度、从业人员的权利义务制度、安全救援制度、事故处理制度、隐患处置制度、关键岗位培训制度、生产经营单位安全保障制度、安全中介服务制度,等等。

　　3. 其他有关建设工程安全生产的法律

　　《中华人民共和国劳动法》、《中华人民共和国刑法》、《中华人民共和国消防法》、《中华人民共和国环境保护法》、《中华人民共和国大气污染防治法》、《中华人民共和国固体废物污染环境防治法》、《中华人民共和国环境噪声污染防治法》等。

1.2.2　建筑行政法规

　　建筑行政法规是对法律的进一步细化,是国务院根据有关法律中的授权条款为管理全国建筑行政工作的需要制定的,是法律体系的第二层次,以国务院令形式公布。

　　在建筑行政法规层面上,《安全生产许可证条例》和《建设工程安全生产管理条例》是建设工程安全生产法规体系中主要的行政法规。在《安全生产许可证条例》中,我国第一次以法律形式确立了企业安全生产的准入制度,是强化安全生产源头管理,全面落实"安全第一,预防为主"安全生产方针的重大举措。《建设工程安全生产管理条例》是根据《建筑法》和《安全生产法》制定的一部关于建筑工程安全生产的专项法规。

　　1.《建设工程安全生产管理条例》的主要内容

　　《建设工程安全生产管理条例》(以下简称《安全条例》)于 2003 年 11 月 12 日经国务院第二十八次常务会议通过,自 2004 年 2 月 1 日起施行。

　　该条例确立了建设工程安全生产的基本管理制度,其中包括明确了政府部门的安全生产监管制度和《建筑法》对施工企业的五项安全生产管理制度的规定;规定了建设活动各方主体的安全责任及相应的法律责任,其中包括明确规定了建设活动各方主体应承担的安全生产责任;明确了建设工程安全生产监督管理体制;明确了建立安全生产事故的应急救援预案制度。

　　该条例较为详细地规定了建设、勘察、设计、工程监理、其他有关单位的安全责任和施工单位的安全责任,以及政府部门对建设工程安全生产实施监督管理的责任等。

　　2.《安全生产许可证条例》的主要内容

　　《安全生产许可证条例》于 2004 年 1 月 7 日经国务院第三十四次常务会议通过,自 2004 年 1 月 13 日起施行。2013 年、2014 年经过了两次修正。该条例是针对安全生产高危行业市场准入的一项制度,即国家对矿山企业、建筑施工企业和危险化学品、烟花爆竹、民用爆破器材生产企业实行安全生产许可制度。企业未取得安全生产许可证的,不得从事生产活动。

　　该条例的颁布施行标志着我国依法建立起了安全生产许可制度,其主要内容如下:国家对矿山企业、建筑施工企业和危险化学品、烟花爆竹、民用爆破器材生产企业(以下统称企业)实行安全生产许可制度,企业取得安全生产许可证应当具备的安全生产条件。企业进行生产前,应当依照条例的规定向安全生产许可证颁发管理机关申请领取安全生产许可证,并提供条例规定的相关文件、资料。安全生产许可证颁发管理机关应当自收到申请之日起 45 日内审查完毕,经审查符合本条例规定的安全生产条件的企业,颁发安全生产许可证;不符合本条例规定的安全生产条件的企业,不予颁发安全生产许可证,书面通知企业并说明理由。安全生产许可证的有效期为 3 年。

3.《建筑安全生产监督管理规定》的主要内容

该规定指出:建筑安全生产监督管理应当根据"管生产必须管安全"的原则,贯彻"预防为主"的方针,依靠科学管理和技术进步,推动建筑安全生产工作的开展,控制人身伤亡事故的发生。并规定了各级建设行政主管部门的安全生产监督管理工作的内容和职责。

4.《建设工程施工现场管理规定》的主要内容

该规定指出:建设工程开工实行施工许可证制度;规定了施工现场实行封闭式管理、文明施工;任何单位和个人,要进入施工现场开展工作,必须经主管部门的同意。还对施工现场的环境保护提出了明确的要求。

5.《生产安全事故报告和调查处理条例》的主要内容

《生产安全事故报告和调查处理条例》于 2007 年 3 月 28 日经国务院第 172 次常务会议通过,2007 年 4 月 9 日国务院令第 493 号公布,自 2007 年 6 月 1 日起施行,国务院于 1989 年 3 月 29 日公布的《特别重大事故调查程序暂行规定》和 1991 年 2 月 22 日公布的《企业职工伤亡事故报告和处理规定》同时废止。

《生产安全事故报告和调查处理条例》就事故报告、事故调查、事故处理和事故责任做了明确的规定,根据生产安全事故造成的人员伤亡或者直接经济损失,把事故分为以下等级:

(1)特别重大事故是指造成 30 人以上死亡,或者 100 人以上重伤(包括急性工业中毒,下同),或者 1 亿元以上直接经济损失的事故。

(2)重大事故是指造成 10 人以上 30 人以下的死亡,或者 50 人以上 100 人以下的重伤(包括急性工业中毒,下同),或者 5000 万元以上 1 亿元以下直接经济损失的事故。

(3)较大事故是指造成 3 人以上 10 人以下的死亡,或者 10 人以上 50 人以下的重伤,或者 1000 万元以上 5000 万元以下直接经济损失的事故。

(4)一般事故是指造成 3 人以下的死亡,或者 10 人以下的重伤,或者 1000 万元以下直接经济损失的事故。

6.《国务院关于特大安全事故行政责任追究的规定》的主要内容

《国务院关于特大安全事故行政责任追究的规定》于 2001 年 4 月 21 日由国务院令第 302 号公布,自公布之日起施行。

该规定对各级政府部门对特大安全事故的预防、处理职责做了相应规定,并明确了对特大安全事故行政责任进行追究的有关规定。其主要内容概述如下:各级政府部门对特大安全事故预防的法律规定、各级政府部门对特大安全事故处理的法律规定、各级政府部门负责人对特大安全事故应承担的法律责任。

7.《特种设备安全监察条例》的主要内容

《特种设备安全监察条例》于 2003 年 2 月 19 日由国务院第 68 次常务会议通过,2003 年 3 月 11 日国务院令第 373 号公布,自 2003 年 6 月 1 日起施行。修订版于 2009 年 1 月 24 日公布,自 2009 年 5 月 1 日起施行。

《特种设备安全监察条例》规定了特种设备的生产(含设计、制造、安装、改造、维修,下同)、使用、检验检测及其监督检查,应当遵守本条例。军事装备、核设施、航空航天器、铁路机车、海上设施和船舶以及煤矿矿井使用的特种设备的安全监察不适用于本条例。房屋建筑工地和市政工程工地用起重机械的安装、使用的监督管理,由建设行政主管部门依照有关法律、法规的规定执行。

8.《国务院关于进一步加强安全生产工作的决定》的主要内容

国务院于 2004 年 1 月 9 日发布了《国务院关于进一步加强安全生产工作的决定》(国发〔2004〕2 号,以下简称《决定》)。

《决定》共 23 条,分 5 部分,包括:提高认识,明确指导思想和奋斗目标;完善政策,大力推进安全生产各项工作;强化管理,落实生产经营单位安全生产主体责任;完善制度,加强安全生产监督管理;加强领导,形成齐抓共管的合力。

1.2.3　工程建设标准

工程建设标准,是做好安全生产工作的重要技术依据,对规范建设工程各方责任主体的行为、保障安全生产具有重要意义。根据标准化法的规定,标准包括国家标准、行业标准、地方标准和企业标准。

国家标准是指由国务院标准化行政主管部门或者其他有关主管部门对需要在全国范围内统一的技术要求所制定的技术规范。

行业标准是指国务院有关主管部门对没有国家标准而又需要在全国某个行业范围内统一的技术要求所制定的技术规范。

1.《建筑施工安全检查标准》(JGJ 59—2011)的主要内容

《建筑施工安全检查标准》是强制性行业标准,自 2012 年 7 月 1 日起实施。

该标准采用安全系统工程原理,结合建筑施工伤亡事故规律,依据国家有关法律、法规、标准和规程,对安全生产检查提出了明确的要求,包括:要有定期安全检查制度;安全检查要有记录;检查出事故隐患后,整改要做到定人、定时间、定措施;对重大事故隐患整改通知书所列项目应如期完成。

制定该标准的目的是科学地评价建筑施工安全生产情况,提高安全生产工作和文明施工的管理水平,预防伤亡事故的发生、确保职工的安全和健康,实现检查评价工作的标准化和规范化。

2.《施工企业安全生产评价标准》(JGJ/T 77—2010)的主要内容

《施工企业安全生产评价标准》是一部推荐性行业标准,自 2010 年 11 月 1 日起实施。制定该标准的目的是加强施工企业安全生产的监督管理,科学地评价施工企业安全生产业绩及相应的安全生产能力,实现施工企业安全生产评价工作的规范化和制度化,促进施工企业安全生产管理水平的提高。

3.《施工现场临时用电安全技术规范》(JGJ 46—2005)的主要内容

《施工现场临时用电安全技术规范》是强制性行业标准,该规范明确规定:施工现场临时用电施工组织设计的编制及专业人员、技术档案管理的要求,外电线路与电气设备防护、接地预防类、配电室及自备电源、配电线路、配电箱及开关箱、电动建筑机械及手持电动工具、照明以及实行 TN-S 三相五线制接零保护系统的要求等方面的安全管理及安全技术措施的要求。

4.《建筑施工高处作业安全技术规范》(JGJ 80—2016)的主要内容

该规范规定:高处作业的安全技术措施及其所需料具;施工前的安全技术教育及交底;人身防护用品的落实;上岗人员的专业培训考试、持证上岗和体格检查;作业环境和气象条件;临边、洞口、攀登、悬空作业、操作平台与交叉作业的安全防护设施的计算、安全防护设施的验收等。

5.《龙门架及井架物料提升机安全技术规范》(JGJ 88—2010)的主要内容

该规范规定:安全提升机架体人员,应按高处作业人员的要求,经过培训持证上岗;使用单位应根据提升机的类型制订操作规程,建立管理制度及检修制度;应配备经正式考试合格持有操作证的专职司机;提升机应具有相应的安全防护装置并满足其要求。

6.《建筑施工扣件式钢管脚手架安全技术规范》(JGJ 130—2011)的主要内容

该规范对工业与民用建筑施工用落地式单、双排扣件式钢管脚手架的设计与施工,以及水平混凝土结构工程施工中模板支架的设计与施工做了明确规定。

7.《建筑机械使用安全技术规程》(JGJ 33—2012)的主要内容

该规程主要内容包括:总则、一般规定(明确了操作人员的身体条件要求、上岗作业资格、防护用品的配置以及机械使用的一般条件)和十大类建筑机械使用所必须遵守的安全技术要求。

8.其他有关规范标准

包括《建筑施工土石方工程安全技术规范》、《施工现场机械设备检查技术规范》、《建设工程施工现场供用电安全规范》、《液压滑动模板施工安全技术规程》、《建筑施工模板安全技术规范》、《建筑施工木脚手架安全技术规范》、《建筑施工碗扣式钢管脚手架安全技术规范》、《建筑拆除工程安全技术规范》和《建筑施工现场环境与卫生标准》等。

9.《工程建设标准强制性条文》的主要内容

该条文以摘编的方式,将工程建设现行国家和行业标准中涉及人民生命财产安全、人身健康、环境保护和其他公众利益的必须严格执行的强制性规定汇集在一起,是《建筑工程质量管理条例》的一个配套文件。

思考与练习

1.目前我国建筑安全生产的法律体系是什么?

2.查阅有关资料回答以下问题:

(1)涉及建筑施工安全管理及安全技术的建筑法律、法规、规章及标准有哪些?

(2)其主要内容分别是什么?

3.职业活动训练:案例分析。

(1)案例内容:2000年10月××日上午,××市某建筑公司××分公司承建的南京电视台演播中心裙楼工地发生一起重大职工因工伤亡事故。大演播厅舞台在浇筑顶部混凝土施工中,因模板支撑系统失稳,导致大演播厅舞台屋盖坍塌,造成6人死亡,35人受伤(其中重伤11人),直接经济损失70.7815万元。

(2)工程概况:××电视台演播中心采用现浇框架剪力墙结构体系。演播中心工程大演播厅总高38m(其中地下8.70m,地上29.30m),面积624m²。

(3)工程建设情况:在大演播厅舞台支撑系统支架搭设前,项目部按搭设顶部模板支撑系统的施工方法,完成了3个演播厅、1个门厅和1个观众厅的施工(都没有施工方案)。

2000年1月,该建筑公司××分公司项目工程师茅某编制了"上部结构施工组织设计",并于1月30日经项目副经理成某和分公司副主任工程师赵某批准实施。

7月22日开始搭设大演播厅舞台顶部模板支撑系统,由于工程需要和材料供应等方面的问题,支架搭设施工时断时续。搭设时没有施工方案,没有图纸,没有进行技术交底。由项目部副经理成某决定支架三维尺寸按常规(即前5个厅的支架尺寸)进行搭设,由项目部施工人员丁某在现场指挥搭设。搭设开始约15天后,××分公司副主任工程师赵某将"模板工程施工方案"交给丁某。丁某看到施工方案后,向成某做了汇报,成某答复还按以前的规格搭架子,到最后再加固。

　　模板支撑系统支架由××三建劳务公司组织现场的朱某的工程队进行搭设(朱某是以个人名义挂靠在××三建江浦劳务基地的,事故发生时朱某工程队共17名民工,其中5人无特种作业人员操作证),搭设支架的全过程中,没有办理自检、互检、交接检、专职检的手续,搭设完毕后未按规定进行整体验收。

　　10月17日开始进行支撑系统模板安装,10月24日完成。23日木工工长孙某向项目部副经理成某反映水平杆加固没有到位,成某即安排架子工加固支架,25日浇筑混凝土时仍有6名架子工在加固支架。

　　10月25日6时55分开始浇筑混凝土,项目部资料质量员姜某8时多才补填混凝土浇捣令,并送监理公司总监韩某签字,韩某将日期签为24日。

　　(4)事故发生:浇筑现场由项目部混凝土工长邢某负责指挥。浇筑时,由于输送混凝土管有冲击和振动等影响,部分支撑管件受力过大而失稳,大厅内模板支架系统出现整体倒塌。屋顶模板上正在浇筑混凝土的工人纷纷随塌落的支架和模板坠落,部分工人被塌落的支架、楼板和混凝土浆淹埋。

　　(5)问题:分析以上案例回答以下问题。

　　①有关单位和责任人分别违反了哪些法规?

　　②有关单位及施工人员应如何处理才能避免事故的发生?

项目 2 安全生产管理制度

任务 1 建筑施工企业安全管理基本知识

1.了解建筑施工企业安全管理制度建立的目的和意义。

2.熟悉安全培训制度、安全生产制度、三级安全教育等的相关内容。

懂得安全培训制度、安全生产制度、三级安全教育等的相关内容。

1.增强企业安全责任意识。

2.培养接受安全教育和培训的工作使命感。

2.1.1 建筑施工企业安全许可制度

为了严格规范建筑施工企业安全生产条件,进一步加强安全生产监督管理,防止和减少生产安全事故,根据《安全生产许可证条例》《建设工程安全生产管理条例》等有关行政法规,于2004 年 7 月颁布第 128 号文件《建筑施工企业安全生产许可证管理规定》(以下简称《规定》)。

国家对建筑施工企业实行安全生产许可制度。建筑施工企业未取得安全生产许可证的,不得从事建筑施工活动。

1.安全生产许可证的申请条件

建筑施工企业要取得安全生产许可证,应当具备下列安全生产条件:

(1)建立健全安全生产责任制,制定完备的安全生产规章制度和操作规程;

(2)保证本单位安全生产条件所需资金的投入;

(3)设备安全生产管理机构,按照国家有关规定配备专职安全生产管理人员;

(4)主要负责人、项目负责人、专职安全生产管理人员经建设主管部门或者其他有关部门考核合格;

(5)特种作业人员经有关业务主管部门考核合格,并取得特种操作资格证书;

(6)管理人员和作业人员每年至少进行一次安全生产教育培训并考核合格;

(7)依法参加工伤保险,依法为施工现场从事危险作业的人员办理意外伤害保险,为从业人员交纳保险费;

（8）施工现场的办公区、生活区、作业场所和安全防护用具、机械设备、施工机具及配件符合有关安全生产法律、法规、标准和规程的要求；

（9）有职业危害防止措施，并为作业人员配备符合国家标准或者行业标准的安全防护用具和安全防护服装；

（10）依法进行安全评价；

（11）有对危险性较大的分部分项工程及施工现场易发生重大事故的部位、环节的预防、监控措施和应急预案；

（12）有安全事故应急救援预案、应急救援组织或者应急救援人员，配备必要的应急救援器材、设备；

（13）法律、法规规定的其他条件。

2. 安全生产许可证的申请与颁发

建筑施工企业从事建筑施工活动前，应当依照《规定》向省级以上建设主管部门申请领取安全生产许可证。由中央管理的建筑施工企业（集团公司、总公司）应当向国务院建设主管部门申请领取安全生产许可证，其他的建筑施工企业，包括中央管理的建筑施工企业（集团公司、总公司）下属的建筑施工企业，应当向企业注册所在地省、自治区、直辖市人民政府建设主管部门申请领取安全生产许可证。如图 2.1 所示。

工程项目经理由具有安全资质的人员担任。开工前及时办理工程安全施工许可证和安全资格认可证

图 2.1 安全施工许可证

3. 生产许可证的监督管理

县级以上人民政府建设主管部门应当加强对建筑施工企业安全生产许可证的监督管理。建设主管部门在审核发放施工许可证时，应当对已经确定的建筑施工企业是否有安全生产许可证进行审查，对没有取得安全生产许可证的，不得颁发施工许可证。

跨省从事建筑施工活动的建筑施工企业有违反本规定行为的，由工程所在地的省级人民政府建设主管部门将建筑施工企业在本地区的违法事实、处理结果和处理建议抄告原安全生产许可证颁发管理机关。

建筑施工企业取得安全生产许可证后，不得降低安全生产条件，并应当加强日常安全生产管理，接受建设主管部门的监督检查。安全生产许可证颁发管理机关发现企业不再具备安全生产条件的，应暂扣或者吊销安全生产许可证。

2.1.2 建筑施工企业安全教育培训管理制度

2.1.2.1 安全生产教育的基本要求

安全教育和培训要体现出全面、全员、全过程。施工现场所有人均应接受过安全培训与教育，确保他们先接受安全教育懂得相应的安全知识后才能上岗。建设部建质[2004]59 号《建筑施工企业主要责任人、项目负责人和专职安全生产管理人员安全生产考核管理暂行规定》规定，企业主要责任人、项目负责人和专职安全生产管理人员必须经建设行政主管部门或其他有关部门的安全生产考核，考试合格并取得安全生产合格证书后方可担任相应职务。《建筑施工安全检查标准》（JGJ 59—2011）对安全教育提出了如下要求：

(1)企业和项目部必须建立安全教育制度。

(2)新工人应进行三级安全教育,即凡公司新招收的合同制工人及分配来的实习和代培人员,分别由公司进行一级安全教育,项目经理部进行二级安全教育,现场施工员及班组长进行三级安全教育,并要有安全教育的内容、时间及考核结果记录。

(3)安全教育要有具体的安全教育内容。

(4)工人变换工种时要进行安全教育。

(5)工人应掌握和了解本专业的安全规程和技能。

(6)施工管理人员应按规定进行年度培训。

(7)专职安全管理人员应按规定参加年度考核培训,年度考核培训合格后才能上岗。

2.1.2.2　教育和培训时间

根据建设部建教[1997]83号文件印发的《建筑业企业职工安全培训教育暂行规定》,教育和培训时间要求如下:

(1)企业法人代表、项目经理每年不少于30学时;

(2)专职管理和技术人员每年不少于40学时;

(3)其他管理和技术人员每年不少于20学时;

(4)特殊工种工人每年不少于20学时;

(5)其他职工每年不少于15学时;

(6)待、转、换岗位重新上岗前,接受一次不少于20学时的培训;

(7)新工人的公司、项目、班组三级培训教育时间分别不少于15学时、15学时、20学时。

2.1.2.3　教育和培训的内容

教育和培训按等级、层次和工作性质分别进行,三级安全教育是每个刚进企业的新工人必须首先接受的安全生产方面的基本教育,三级安全教育是指公司(即企业)、项目(或工程处、施工处、工区)、班组这三级。对新工人或调换工种的工人,必须按规定进行安全教育和技术培训,经考核合格,方准上岗。各级安全培训教育的主要内容如下:

1.公司教育

公司级的安全培训教育的主要内容为:

(1)国家和地方有关安全生产、劳动保护的方针、政策、法律、法规、规范、标准及规章。

(2)企业及其上级部门(主管局、集团、总公司、办事处等)印发的安全管理规章制度。

(3)安全生产与劳动保护工作的目的、意义等。

2.项目(或工程处、施工处、工区)级教育

项目级教育是新工人被分配到项目以后进行的安全教育。

项目经理部级安全培训教育的主要内容:

(1)建设工程施工生产的特点,施工现场的一般安全管理规定、要求。

(2)施工现场的主要事故类别,常见多发性事故的特点、规律及预防措施,事故教训等。

(3)本工程项目施工的基本情况(工程类型、施工阶段、作业特点等),施工中应当注意的安全事项。如图2.2所示。

3.班组教育

班组教育又称岗位教育,它的主要内容:

(1)本工种作业的安全技术操作要求。

（2）本班组施工生产概况,包括工作性质、职责、范围等。

（3）本人及本班组在施工过程中,所使用、所遇到的各种生产设备、设施、电气设备、机械、工具的性能、作用、操作要求、安全防护要求。

（4）个人使用和保管的各类劳动防护用品的正确穿戴、使用方法及劳防用品的基本原理与主要功能。

（5）发生伤亡事故或其他事故,如火灾、爆炸、设备及管理事故等,应采取的措施（救助抢险、保护现场、报告事故等）。

图 2.2　安全教育现场

4.三级教育的要求

（1）三级教育一般由企业的安全、教育、劳动、技术等部门配合进行;

（2）受教育者必须经过考试,合格后才准予进入生产岗位;

（3）给每一名职工建立职工劳动保护教育卡,记录三级教育、变换工种教育等教育考核情况,并由教育者与受教育者双方签字后入册。

2.1.2.4　特种作业人员培训

（1）建筑企业特种作业人员一般包括建筑电工、焊工、建筑架子工、司炉工、爆破工、机械操作工、起重工、塔吊司机及指挥人员、人货两用电梯司机等。

（2）建筑企业特种作业人员除进行一般安全教育外,还要执行《建筑施工安全检查标准》（JGJ 59—2011）的有关规定,按国家、行业、地方和企业规定进行本工种专业培训、资格考核,取得特种作业人员操作证后上岗。如图 2.3、图 2.4 所示。

图 2.3　特种作业操作证

图 2.4　安全员上岗证

（3）特种作业人员取得岗位操作证后,每年仍应接受有针对性的安全培训。

2.1.3　三类人员考核任职制度

三类人员考核任职制度是从源头上加强安全生产监管的有效措施,是强化建筑施工安全生产管理的重要手段。

依据建设部《关于印发〈建筑施工企业主要负责人、项目负责人、专职安全生产管理人员安全生产考核管理暂行规定〉的通知》（建质[2004]59 号）的规定,为贯彻落实《安全生产法》、《建筑工程安全生产管理条例》和《安全生产许可证条例》,提高建筑施工企业主要负责人、项目负责人、专职安全生产管理人员安全生产知识水平和管理能力,保证建筑施工生产安全,应对建筑施工企业的三类人员进行考核认定。三类人员应当经建设行政主管部门或者其他有关部门考核合格后方可任职。

1. 三类人员考核任职制度针对的对象

三类人员考核任职制度针对的对象:建筑施工企业的主要负责人、项目负责人、专职安全生产管理人员。

(1)建筑施工企业主要负责人包括企业法定代表人、经理、企业分管安全生产工作的副经理等。

(2)建筑施工企业项目负责人,是指经企业法人授权的项目管理的负责人等。

(3)建筑施工企业专职安全生产管理人员,是指在企业专职从事安全生产管理工作的人员,包括企业安全生产管理机构的负责人及其工作人员和施工现场专职安全生产管理人员。

2. 三类人员考核任职的主要内容

(1)考核的目的和依据:根据《安全生产法》、《建筑工程安全生产管理条例》和《安全生产许可证条例》等法律法规,考核旨在提高建筑施工企业主要负责人、项目责任人和专职安全生产管理人员的安全生产知识水平和管理能力,保证建筑施工安全进行。

(2)考核范围:在中华人民共和国境内从事建设工程施工活动的建筑施工企业管理人员以及实施和参与安全生产考核管理的人员,建筑施工企业管理人员必须经建设行政主管部门或者其他有关部门安全生产考核,合格并取得安全生产考核合格证书后,方可担任相应职务。建筑施工企业管理人员安全生产考核内容包括安全生产知识和管理能力。

2.1.4　班前教育制度

《建筑施工安全检查标准》(JGJ 59—2011)对班前活动提出了如下要求:

(1)要建立班前活动制度。班前活动是安全管理的一个重要环节,是提高工人的安全素质、落实安全技术措施、减少事故发生的有效途径。班前安全活动是班组长或管理人员在每天上班前检查了解班组的施工环境、设备和工人的防护用品的佩戴情况,总结前一天的施工情况,根据当天施工任务特点和分工情况,讲解有关的安全技术措施,同时预知操作中可能出现的不安全因素,提醒大家注意和采取相应的防范措施。

(2)班前安全活动要有记录。每次班前活动均应简单重点记录活动内容,活动记录应收录为安全管理档案资料。

2.1.5　安全生产的经常性教育

企业在做好新工人入场教育、特种作业人员安全生产教育和各级领导干部、安全管理干部的安全生产培训的同时,还必须把经常性的安全教育贯穿于管理工作的过程中,并根据接受教育对象的不同特点,采取多层次、多渠道的各种方法进行。安全生产教育多种多样,应贯彻及时性、严肃性、真实性,做到简明、醒目,具体形式如下:

(1)施工现场(车间)入口处的安全纪律牌。

(2)举办安全生产训练班、讲座、报告会、事故分析会。

(3)建立安全保护教育室,举办安全保护展览。

(4)举办安全保护广播,印发安全保护简报、通报等,办安全保护黑板报、宣传栏。

(5)张挂安全保护文艺演出图片、安全标志和标语横幅。

(6)举办安全保护文艺演出、放映安全保护音像制品。

(7)组织家属做好职工的安全生产思想工作。

2.1.6　安全生产责任制度

安全生产责任制度就是对各级负责人、职能部门以及各类施工人员在管理和施工过程中，应当承担的责任做出明确的规定。具体来说，就是将安全生产责任分解到施工单位的主要负责人、项目负责人、班组长以及每个岗位的作业人员身上。安全生产责任制度是施工企业最基本的安全管理制度，是施工企业安全生产管理的核心和中心环节。依据《建设工程安全生产管理条例》和《建筑施工安全检查标准》的相关规定，安全生产责任制度的主要内容如下：

1.安全生产责任制的基本要求

（1）公司和项目部必须建立健全安全生产责任制，制订各级人员和部门的安全生产职责，并打印成文。

（2）各级管理部门及各类人员均要认真执行安全生产责任制。公司及项目部应制订与安全生产责任制相应的检查和考核办法，执行情况的考核结果应有记录。

（3）经济承包合同中必须要有具体的安全生产指标和要求。在企业与业主、企业与项目部、总包单位与分包单位、项目部与劳务队的承包合同中，都应确定安全生产指标、要求和安全生产责任。

（4）项目部应为项目的主要工种印制相应的安全技术操作规程，并应将安全技术操作规程列为日常安全活动和安全教育的主要内容，并悬挂在操作岗位前。

（5）施工现场应按规定配备专（兼）职安全员。建筑工程、建筑装饰装修工程应按规定配置足够的专职安全员（一般，建筑面积 1 万 m² 以及以下的工程至少 1 人；1 万～5 万 m² 的工程至少 2 人；5 万 m² 以上的工程至少 3 人）。并应设置安全主管，按土建、机电设备等专业设置专职安全生产管理人员。不论是兼职或是专职安全员都必须有安全员证。

（6）管理人员的责任制考核要合格。企业或项目部要根据责任制的考核办法定期进行考核，督促和要求各级管理人员的责任制考核都要达到合格。各级管理人员也必须清楚自己的安全生产工作职责。

2.有关人员的安全职责

（1）项目经理的职责

①项目经理是本项目安全生产的第一责任者，负责整个项目的安全生产工作，对所管辖工程项目的安全生产负直接领导责任；对合同工程项目生产经营过程中的安全生产负全面领导责任。

②在项目施工生产全过程中，认真贯彻落实安全生产方针政策、法律法规和各项规章制度，结合项目工程特点及施工全过程的情况，制订本项目工程各项安全生产管理办法，或有针对性地提出安全管理要求，并监督其实施。严格履行安全考核指标和安全生产奖惩办法。

③在组织项目工程业务承包，聘用业务人员时，必须本着安全工作只能加强的原则，根据工程特点确定安全工作的管理制度、配备人员，并明确各业务承包人的安全责任和考核指标，支持、指导安全管理人员的工作。

④健全和完善用工管理手续，录用外包工队必须及时向有关部门申报，严格用工制度与管理，适时组织上岗安全教育，要对外包工队的健康与安全负责，加强劳动保护工作。

⑤认真落实施工组织设计中的安全技术措施及安全技术管理的各项措施，严格执行安全技术审批制度，组织并监督项目工程施工中的安全技术交底制度和设备、设施验收制度的实施。

⑥领导、组织施工现场定期的安全生产检查，发现施工生产中的不安全问题，组织采取措

施,及时解决。对上级提出的安全生产与管理方面的问题,要定时、定人、定措施予以解决。

⑦发生事故,及时上报,保护好现场并做好抢救工作,积极配合事故的调查,认真落实纠正方案并采取防范措施,吸取事故教训。

(2)项目技术负责人的职责

①对项目工程生产经营中的安全生产负技术责任。

②贯彻、落实安全生产方针、政策,严格执行安全技术规程、规范、标准,结合项目工程特点,主持项目工程的安全技术交底。

③参加或组织编制施工组织设计;编制、审查施工方案时,要制订、审查安全技术措施,保证其可行性与针对性,并随时检查、监督、落实。

④主持制订专项施工方案、技术措施计划和季节性施工方案的同时,制订相应的安全技术措施并监督执行,及时解决执行中出现的问题。

⑤及时组织项目工程应用新材料、新技术、新工艺及相关人员的安全技术培训。认真执行安全技术措施与安全操作规程,预防施工中因化学物品引起的火灾、中毒或其新工艺实施中可能造成的事故。

⑥主持安全防护设施和设备的检查验收,发现设备、设施的不正常情况应及时采取措施,严格控制不符合标准要求的防护设备、设施投入使用。

⑦参加安全生产检查,对施工中存在的不安全因素,从技术方面提出整改意见和办法及时予以消除。

⑧参加、配合工伤事故及重大未遂事故的调查,从技术上分析事故的原因,提出防范措施、意见。

(3)施工员的职责

①施工组织策划

a.参与施工组织管理策划;

b.参与管理制度的制订。

②施工技术管理

a.参与图纸会审、技术核定;

b.负责作业班组的技术交底;

c.负责组织测量放线、参与技术复核。

③施工进度成本控制

a.参与制订并调整施工进度计划、施工资源需求计划,编制施工作业计划;

b.参与并做好施工现场组织协调工作,合理调配生产资源,落实施工作业计划;

c.参与现场经济技术签证、成本控制及成本核算;

d.负责施工平面图的动态管理。

④质量安全环境管理

a.参与质量、环境与职业健康安全的预控;

b.负责施工作业的质量、环境与职业健康安全过程控制,参与隐蔽、分部分项和单位工程的质量验收;

c.参与质量、环境与职业健康安全问题的调查,提出整改措施并监督落实。

⑤施工信息资料管理

a.负责编写施工日志、施工记录等相关施工资料；

b.负责汇总、整理和移交施工资料。

(4)班组长的职责

①认真执行安全生产规章制度及安全操作规程,合理安排班组人员的工作,对本班组人员在生产中的安全和健康负责。

②经常组织班组人员学习安全操作规程,监督班组人员正确使用个人劳保用品,不断提高自保能力。

③认真落实安全技术交底,做好班前教育工作,不违章指挥、冒险蛮干。

④随时检查班组作业现场安全生产状况,发现问题及时解决并上报有关领导。

⑤认真做好新工人的岗位教育。

⑥发生工伤事故及未遂事故,保护好现场,立即上报有关领导。

任务 2　安全施工方案

1.熟悉施工组织设计和专项施工方案的内容、编制和注意事项。

2.掌握安全技术交底、安全检查的基本要求和主要内容。

3.熟悉安全事故的分类。

1.能执行施工组织设计和专项施工方案。

2.能协助组织实施安全技术交底和安全检查。

3.能参与安全事故的救援和调查。

1.严格执行安全施工方案的工作态度。

2.具有协调组织、检查、调查、处理安全施工的工作意识。

2.2.1　施工组织设计和专项施工方案的安全编审制度

施工组织设计或专项施工方案是组织建设工程施工的纲领性文件,是指导施工准备和组织施工的全面性的技术、经济文件,是指导现场施工的规范性文件。

2.2.1.1　安全施工方案编审制度

住房城乡建设部关于《危险性较大的分部分项工程安全管理办法》对危险性较大的分部分项工程安全专项施工方案提出如下要求：

(1)施工单位应当在危险性较大的分部分项工程施工前编制专项方案；对于超过一定规模的危险性较大的分部分项工程,施工单位应当组织专家对专项方案进行论证。

（2）建筑工程实行施工总承包的，专项方案应当由施工总承包单位组织编制。其中，起重机械安装拆卸工程、深基坑工程、附着式升降脚手架等专业工程实行分包的，其专项方案可由专业承包单位组织编制。

（3）专项方案应当由施工单位技术部门组织本单位施工技术、安全、质量等部门的专业技术人员进行审核。经审核合格的，由施工单位技术负责人签字。实行施工总承包的，专项方案应当由总承包单位技术负责人及相关专业承包单位技术负责人签字。不需专家论证的专项方案，经施工单位审核合格后报监理单位，由项目总监理工程师审核签字。

（4）超过一定规模的危险性较大的分部分项工程专项方案应当由施工单位组织召开专家论证会。实行施工总承包的，由施工总承包单位组织召开专家论证会。

（5）专项方案经论证后，专家组应当提交论证报告，对论证的内容提出明确的意见，并在论证报告上签字。该报告作为专项方案修改完善的指导意见。

2.2.1.2　《建筑施工安全检查标准》（JGJ 59—2011）对施工组织设计或施工方案提出的要求

（1）施工组织设计中要有安全技术措施。《建筑工程安全生产管理条例》规定，施工单位应在施工组织设计中编制安全技术措施和施工现场临时用电方案。

（2）施工组织设计必须经审批以后才能进行施工。工程技术人员编制的安全专项施工方案，由施工企业技术部门的专业技术人员及专业监理工程师进行审核，审核合格，由施工企业技术负责人及监理单位的总监理工程师签字。无施工组织设计（方案）或施工组织设计（方案）未经审批的不能开始该项目的施工，未经审批也不得擅自变更施工组织设计（方案）。

（3）对专业性较强的项目，应单独编制专项施工组织设计（方案）。建筑施工企业应按规定，对达到一定规模的危险性较大的分部分项工程在施工前由施工企业专业工程技术人员编制安全专项施工方案，并附安全验算结果，并由施工企业技术部门的专业技术人员及专业监理工程师进行审核，审核合格，由施工企业技术负责人及监理单位的总监理工程师签字，由专职安全生产管理人员监督执行。对于特别重要的专项施工方案，还应组织安全专项施工方案专家组进行论证、审查。

（4）安全技术措施要全面、要有针对性。编制安全技术措施时，要结合现场实际、工程具体特点以及企业或项目部的安全技术装备和安全管理水平等来制订，把施工中的各种不利因素和安全隐患考虑周全，并制订详尽的措施——予以解决。

（5）安全技术措施要落实。安全技术措施不仅要具体、要有针对性，更要在施工中落到实处，防止应付检查编计划，空喊口号不落实，使安全技术措施流于形式。

2.2.1.3　安全技术措施及方案变更管理

（1）施工过程中如发生设计变更，原定的安全技术措施也必须随之变更，否则不准施工。

（2）施工过程中确实需要修改拟定的安全技术措施时，必须经编制人同意，并办理修改审批手续。

2.2.2　安全技术交底制度

安全技术交底制度是安全制度的重要组成部分，如图2.5所示。为贯彻落实国家安全生产方针、政策、规程、规范、行业标准及企业各种规章制度，及时对安全生产、工人职业健康进行有效预控，提高施工管理、操作人员的安全生产管理与操作技能，努力创造安全生产环境（图2.6），根据《中华人民共和国安全生产法》《建设工程安全生产管理条例》《施工企业安全检查标准》等有关规定，在进行工程技术交底的同时要进行安全技术交底。

图 2.5　安全技术交底现场　　　　　　　图 2.6　消防安全设施

2.2.2.1　安全技术交底的基本要求

1. 安全技术交底须分级进行

项目经理部必须实行逐级安全技术交底制度,纵向延伸到班组全体作业人员。根据安全措施要求和现场实际情况,各级管理人员需亲自逐级进行书面交底,明确职责,落实到人。

2. 安全技术交底必须全方位贯穿于施工全过程

安全技术交底必须全方位贯穿于施工全过程。分部(分项)工程的安全交底一定要细、要具体化,必要时应画大样图。

对专业性较强的分项工程,要先编制施工方案,然后根据施工方案做有针对性的安全技术交底,不能以交底代替方案,或以方案代替交底。

对特殊工种的作业、机械设备的安拆与使用、安全防护设施的搭拆等,必须由技术负责人、安全员等验收安全技术交底内容,验收合格后由工长对操作班组做书面安全技术交底。

安全技术交底应按工程结构层次的变化反复进行。要针对每层结构的实际状况,逐层进行有针对性的安全技术交底。

分部(分项)工程安全技术交底与验收,必须与工程同步进行。

3. 安全技术交底应实施签字制度

安全技术交底必须履行交底认签手续,由交底人签字,由被交底班组集体签字认可,不准代签或漏签,必须准确填写交底作业部位和交底日期,并存档以备查用。

安全技术交底的认签记录,施工员必须及时提交给安全台账资料管理员,安全台账资料管理员要及时收集、整理和归档。

施工现场安全员必须认真履行检查、监督职责,切实保证安全技术交底工作不流于形式,提高全体作业人员安全生产的自我保护意识。

2.2.2.2　安全技术交底的主要内容

安全技术交底要全面、具体、明确、有针对性,符合有关安全技术规程的规定;应优先采用新的安全技术措施;安全技术交底使用范本时,应在补充交底栏内填写有针对性的内容,按分项工程的特点进行交底,不准留有空白。

(1)工程开工前,由公司环境安全监督部门负责向项目部进行安全生产管理首次交底。交底内容包括:

①国家和地方有关安全生产的方针、政策、法律、法规、标准、规范、规程和企业的安全规章制度。

②项目安全管理目标、伤亡控制指标、安全达标和文明施工目标。

③危险性较大的分部分项工程及危险源的控制,专项施工方案清单和方案编制的指导、

要求。

　④施工现场安全质量标准化管理的一般要求。

　⑤公司部门对项目部安全生产管理的具体措施要求。

　(2)项目部负责向施工队长或班组长进行书面安全技术交底。交底内容包括：

　①工程概况,施工方法,施工程序,项目各项安全管理制度、办法,注意事项,安全技术操作规程。

　②每一分部分项工程施工安全技术措施、施工生产中可能存在的不安全因素以及防范措施等,确保施工活动安全。

　③特殊工种的作业、机电设备的安拆与使用、安全防护设施的搭设等,项目技术负责人均要对操作班组做安全技术交底。

　④两个以上工种配合施工时,项目技术负责人要按工程进度定期或不定期地向有关班组长进行交叉作业的安全交底。

　(3)施工队长或班组长要根据交底要求,对操作工人进行有针对性的班前作业安全交底,操作人员必须严格执行安全交底的要求。交底内容包括：

　①施工要求、作业环境、作业特点、相应的安全操作规程和标准。

　②现场作业环境要求本工种操作的注意事项,即危险点;针对危险点的具体预防措施;应注意的安全事项。

　③个人防护措施。

　④发生事故后应及时采取的避难和急救措施。

2.2.2.3　安全技术交底范例(表2.1)

表2.1　×××项目部安全技术交底

安全技术交底记录 表C2-1		编　号	
工程名称		交底日期	年　月　日
施工单位		分项工程名称	木工支模作业
交底提要			

交底内容:

1.作业人员进入施工现场必须戴合格的安全帽,系好下颚带,锁紧带扣;

2.施工现场严禁吸烟;

3.登高作业必须系好安全带,高挂低用;

4.电锯、电刨等要做到一机一闸一漏一箱,严禁使用一机多用机具;

5.电锯、电刨等木工机具要有专人负责,持证上岗,严禁戴手套操作,严禁用竹编板等材料包裹锯体,分料器要齐全,不得使用倒顺开关;

6.使用手持电动工具必须戴绝缘手套,穿绝缘鞋,严禁戴手套使用锤、斧等易脱手工具;

7.圆锯的锯盘及传动部位应安装防护罩,并设分料器,其长度不小于50cm,厚度大于锯盘的木料,严禁使用圆锯;

8.支模时注意个人防护,不允许站在不稳固的支撑上或没有固定的木方上施工;

9.支设梁、板、柱模板时,应先搭设架体和护身栏,严禁在没有固定的梁、板、柱上行走;

10.搬运木料、板材和柱体时,根据其重量而定,超重时必须两人进行,严禁从上往下投掷任何物料,无法支搭防护架时要设水平网或挂安全带;

11.使用手锯时,防止伤手和伤别人,并有防摔落措施,锯料时必须站在安全可靠处。

审核人		交底人		接受交底人	

(1)本表头由交底人填写,交底人与接受交底人各保存一份,安全员一份;

(2)当做分部、分项施工作业安全交底时,应填写"分部、分项工程名称"栏;

(3)交底提要应根据交底内容把交底重要内容写上。

2.2.3　安全检查

2.2.3.1　安全生产检查的意义

(1)通过检查,可以发现施工(生产)中的不安全因素(人的不安全行为和物的不安全状态)、职业健康问题,从而采取对策,消除不安全因素,保障安全生产。

(2)利用安全生产检查,进一步宣传、贯彻、落实党和国家的安全生产方针、政策和各项安全生产规章制度。

(3)安全检查实质上也是一次群众性的安全教育。通过检查,增强领导和群众的安全意识,纠正违章指挥、违章作业,提高安全生产的自觉性和责任感。

(4)通过安全检查可以互相学习、总结经验、吸取教训、取长补短,有利于进一步促进安全生产工作。

(5)通过安全生产检查,了解安全生产状态,为制订安全生产措施、加强安全管理提供信息和依据。如图 2.7、图 2.8 所示。

图 2.7　安全检查记录

图 2.8　施工现场安全检查

2.2.3.2　安全检查制度

安全检查要讲科学、讲效果。以往安全检查主要靠感性和经验进行目测、口述,安全评价也往往是"安全"或"不安全"的定性估计较多。随着安全管理科学化、标准化、规范化,安全检查工作也不断地进行改革、深化。目前安全检查基本上都采用安全检查表和实测实量的检测手段,进行定性、定量的安全评价。《建筑施工安全检查标准》(JGJ 59—2011)对安全检查提出了具体要求:

(1)安全检查要有定期的检查制度。项目参建单位特别是建筑安装工程施工企业,要建立健全确实可行的安全检查制度,并把各项制度落实到工程实际当中。建筑安装工程施工企业除进行日常性的安全检查外,还要制订和实施定期的安全检查。

(2)组织领导。各种安全检查都应该根据检查要求配备力量,特别是大范围、全国性的安全检查,要明确检查负责人,抽调专业人员参加检查,进行分工,明确检查内容、标准及要求。

(3)要有明确的目的。各种安全检查都应有明确的检查目的和检查项目、内容及标准。重点、关键部位,如安全设施[《建筑施工安全检查标准》(JGJ 59—2011)"保证项目"]要重点检查。大面积或数量多的相同内容的项目,可采取系统的观感和一定数量的测点相结合的检查方法。检查时尽量采用检测工具,用数据说话。对现场管理人员和操作工人,不仅要检查其是否有违章指挥和违章作业行为,还应进行应知抽查,以便了解管理人员及操作工人的安全素质。

(4)安全检查记录(图2.7)是安全评价的依据,因此要认真、详细。特别是对隐患的记录必须具体(如隐患的部位、危险性程度等),然后整理出需要立即整改的项目和在一段时间内必须整改的项目,并及时将检查结果通知有关人员,使安全技术交底、班前教育活动更具针对性。做好有关安全问题和隐患记录,并及时建立安全管理档案。

(5)安全评价。安全检查后要认真地、全面地进行系统分析,定性、定量地进行安全评价。哪些检查项目已达标;哪些检查项目虽然基本上达标,但是具体还有哪些方面需要后期完善;哪些项目没有达标,存在哪些问题需要整改。要及时填写安全检查评分表(安全检查评分表应记录每项扣分的原因)、事故隐患通知书、违章处罚通知书或停工通知等。受检单位(即使本单位自检也需要进行安全评价)根据安全评价结果,研究对策,进行整改和加强管理。

(6)整改是安全检查工作的重要组成部分,是检查结果的归宿。整改工作包括隐患登记、整改、复查、销案。

检查中发现的隐患应该进行登记,不仅可作为整改的备查依据,而且是提供安全动态分析的重要信息渠道。如果各单位或多数单位(工地、车间)安全检查都发现同类型隐患,则说明是"通病"。若某单位安全检查中经常出现相同隐患,则说明没有整改或整改不彻底形成"顽固症"。根据隐患记录信息流,可以做出指导安全管理的决策。

安全检查中查出的隐患除进行登记外,还应发出隐患整改通知单,引起整改单位重视。对有即发性事故危险的隐患,检查人员应责令停工,被查单位必须立即整改。对于违章指挥、违章作业行为,检查人员可以当场指出,进行纠正。被检查单位领导对查出的隐患,应立即研究整改方案,进行"三定"(即定人、定期限、定措施),并立项进行整改。负责整改的单位、人员在整改完成后要及时向安全等有关部门反馈信息,安全等有关部门要立即派人进行复查,经复查整改合格后,进行销案。

2.2.3.3 案例:安全检查制度

××项目安全检查制度

一、定期安全检查

项目经理部每周组织一次由有关部门参加的安全生产检查。查纪律、查隐患、查安全知识掌握及制度执行情况,总结经验,及时推广,发现隐患采取措施,落实到人,限期整改。

二、专业性检查

由专业技术人员、懂行的安全技术人员和有实际操作和维修能力的工人参加,对某项专业(如物料提升架、脚手架、施工机具等)的安全问题或在施工中存在的普遍性安全问题进行单项检查。

三、经常性安全检查

1.班组进行班前、班后岗位安全检查。

2.各级安全员及安全值日人员进行日常巡回检查,日日有专项检查。

3.各级管理人员在检查生产的同时检查安全。

2.2.4　季节性及节假日前后安全检查

针对气候特点(如冬、夏季,雨、风季等)可能给生产带来危害而进行的安全检查。节假日前后为防止职工纪律松懈、思想麻痹等进行的检查。施工现场各班组要经常进行自检、互检和交接检。

对查出的隐患,由职能部门发指令整改书,整改完后由整改单位负责人签意见,及时返回存档,逐步建立登记、整改、检查、销项制度。如表2.2、表2.3所示。

表 2.2　××项目安全生产日检表

施工单位		检查日期		气象	
工程名称		检查员		负责人	
序号	项目	检查内容			处理情况
1	各种脚手架	间距、拉接、脚手板、载重、卸荷			
2	吊篮架子	保险绳、就位固定、升降工具、吊点			
3	插口架子(挂架)	吊钩保险、别杠			
4	桥架	立柱垂直、安全装置、升降工具			
5	坑槽边坡	边壁状况(放坡或支撑)、边缘荷载(堆物情况)			
6	临边防护	槽(坑)边和屋面、进出料口、楼梯、阳台、平台、框架结构四周防护及安全网支搭			
7	孔洞	电梯井口、预留洞口			
8	电气	漏电保护器、各种闸具、导线、接线、照明			
9	垂直运输机械	吊具、钢丝绳、防护设施、信号指挥			
10	中小型机械	防护装置、接零、接地			
11	构件存放	大模板,中、小型构件			
12	电气焊	焊接距离、电焊机、中压罐、气瓶			
13	防护用品使用	安全帽、安全带、防护鞋、绝缘手套			
14	施工道路	交通标志、路面、临时便桥			
15	特殊情况	脚手架基础、塔基、电气设备、防雨设施、交叉作业、缆风绳			
16	违章记录				
17	隐患记录				
18	备注				
19	(1)特殊情况:指大风、雨、雪天气之后的情况和工程变化,如砖基础结构施工,分阶段作业等; (2)卸荷:指15m以上脚手架,按施工方案,利用钢丝绳将脚手架垂吊在建筑物上				

表 2.3   安全隐患整改通知单

年　　月　　日　　　　　　　　　　　　　　　　　　　　　　　　（　　）检字

×××××公司　　×××施工现场：

　　××月××日，经　×××××　检查发现你单位施工现场存在如下隐患。请接通知后，按照"三定"要求，限××月××日前，按照有关安全技术规范和规程规定，采取相应整改措施，并自查合格后，将整改完成情况、防范措施，按时反馈到通知发出单位。

存在的主要问题：

受检单位签章：	通知发出单位签章：
负责人签字：	单位：
电话：　　　　　　年　月　日	经办人：　　　　　　年　月　日

注：此表至少一式两份，检查单位、被检单位各一份。

2.2.5　安全生产目标管理及安全考核与奖惩制度

2.2.5.1　安全生产目标管理

安全生产目标管理是指项目根据企业的整体目标，在分析外部环境和内部条件的基础上，确定安全生产所要达到的目标，并采取一系列措施去努力实现这些目标的活动过程。安全生产目标通常以千人负伤率、万吨产品死亡率、尘毒作业点合格率、噪声作业点合格率及设备完好率及其预期达到的目标值来表示。推行安全生产目标管理不仅能进一步优化企业安全生产责任制，强化安全生产管理，体现"安全生产，人人有责"的原则，使安全生产工作实现全员管理，有利于提高企业全体员工的安全素质。《建筑施工安全检查标准》(JGJ 59—2011)对安全目标管理提出了具体的检查要求。安全生产目标管理主要体现在以下几个方面：

（1）安全生产目标管理的任务是确定奋斗目标，明确责任，落实措施，实行严格的考核和奖惩，以激励企业员工积极参与全员、全方位、全过程的安全生产管理，严格按照安全生产的奋斗目标和安全生产责任制的要求，落实安全措施，消除人的不安全行为和物的不安全状态。

（2）项目要制订安全生产目标管理计划，经项目分管领导审查同意，由主管部门与实行安全生产目标管理的单位签订责任书，将安全生产目标管理纳入各单位的生产经营或资产经营目标管理计划，主要领导人应对安全生产目标管理计划的制订与实施负第一责任。

（3）安全生产目标管理的基本内容包括目标体系的确立、实施，目标成果的检查与考核。主要包括以下几个方面：

①确定切实可行的目标值（如千人负伤率、万吨产品死亡率、尘毒作业点合格率、噪声作业点合格率及设备完好率等）。采用科学的目标预测法，根据需要和可能，采取系统分析的方法，确定合适的目标值，并研究为达到目标应采取的措施和手段。

②根据安全目标的要求，制订实施办法，做到有具体的保证措施，力求量化以便于实施和

考核,包括组织技术措施,完成程序和时间,承担具体责任的负责人,并签订承诺书。

③规定具体的考核标准和奖惩办法,要认真贯彻执行《安全生产目标管理考核标准》。考核标准不仅应规定目标值,而且要把目标值分解为若干具体要求来考核。

④安全生产目标管理必须与企业安全生产责任制挂钩。层层分解,逐级负责,充分调动各级组织和全体员工的积极性,保证安全生产管理目标的实现。

⑤安全生产目标管理必须与企业生产经营承包制挂钩,作为整个企业目标管理的一个重要组成部分,实行经营管理者任期目标责任制、租赁制和各种经营承包责任制的单位负责人,应把安全生产目标管理实现与他们的经济收入和荣誉挂起钩来,严格考核,兑现奖罚。

2.2.5.2　安全考核与奖惩制度

安全生产考核与奖惩制度是指企业的上级主管部门,包括政府主管安全生产的职能部门、企业内部的各级行政领导等,按照国家安全生产的方针政策、法律法规和企业的规章制度的有关规定,根据对企业内部各级实施安全生产目标控制管理时所下达的安全生产各项指标完成的情况,对企业法人代表及各责任人执行安全生产考核与奖惩的制度。

安全考核与奖惩制度是建筑行业的一项基本制度,实践表明,只要安全生产的全员意识尚未达到较佳的状态,职工自觉遵守安全法规和制度的良好作风未能完全形成之前,实行严格的考核与奖惩制度是我们常抓不懈的工作。安全工作不仅要责任到人,还要与员工的切身利益联系起来。

安全考核与奖惩制度要体现以下几个方面:

(1)项目部必须将生产安全工作放在首位,列入日常安全检查、考核、评比内容。

(2)对在生产安全工作中成绩突出的个人给予表彰和奖励,坚持遵章必奖、违章必惩,权责挂钩、奖惩到人的原则。

(3)对未依法履行生产安全职责、违反企业安全生产制度的行为,按照有关规定追究有关责任人的责任。

(4)企业各部门必须认真执行安全考核与奖惩制度,增强生产安全和消防安全的约束机制,以确保安全生产。

(5)杜绝安全考核工作中弄虚作假、敷衍塞责行为。

(6)按照奖惩对等的原则,根据所完成的工作良好程度给出结果并按一定标准给予奖惩。

(7)对奖惩情况及时进行张榜公示。

2.2.6　安全事故处理

2.2.6.1　安全事故等级划分

《生产安全事故报告和调查处理条例》规定,根据生产安全事故(以下简称事故)造成的人员伤亡或者直接经济损失,事故一般分为四个等级,如第 1.2.2 节所述。

2.2.6.2　安全事故报告

《生产安全事故报告和调查处理条例》规定:

事故报告应当及时、准确、完整,任何单位和个人对事故不得迟报、漏报、谎报或者瞒报。事故调查处理应当坚持实事求是、尊重科学的原则,及时、准确地查清事故经过、事故原因和事故损失,查明事故性质,认定事故责任,总结事故教训,提出整改措施,并对事故责任者依法追究责任。

(1)县级以上人民政府应当依照本条例的规定,严格履行职责,及时、准确地完成事故调查处理工作。事故发生地的有关地方人民政府应当支持、配合上级人民政府或者有关部门的事故调查处理工作,并提供必要的便利条件。参加事故调查处理的部门和单位应当互相配合,提高事故调查处理工作的效率。

(2)工会依法参加事故调查处理,有权向有关部门提出处理意见。

(3)任何单位和个人不得阻挠和干涉对事故的报告和依法调查处理。

(4)对事故报告和调查处理中的违法行为,任何单位和个人有权向安全生产监督管理部门、监察机关或者其他有关部门举报,接到举报的部门应当依法及时处理。

(5)事故发生后,事故现场有关人员应当立即向本单位负责人报告;单位负责人接到报告后,应当于1小时内向事故发生地县级以上人民政府安全生产监督管理部门和负有安全生产监督管理职责的有关部门报告。

情况紧急时,事故现场有关人员可以直接向事故发生地县级以上人民政府安全生产监督管理部门和负有安全生产监督管理职责的有关部门报告。

(6)安全生产监督管理部门和负有安全生产监督管理职责的有关部门接到事故报告后,应当依照下列规定上报事故情况,并通知公安机关、劳动保障行政部门、工会和人民检察院:

①特别重大事故、重大事故逐级上报至国务院安全生产监督管理部门和负有安全生产监督管理职责的有关部门;

②较大事故逐级上报至省、自治区、直辖市人民政府安全生产监督管理部门和负有安全生产监督管理职责的有关部门;

③一般事故上报至辖区的市级人民政府安全生产监督管理部门和负有安全生产监督管理职责的有关部门。

安全生产监督管理部门和负有安全生产监督管理职责的有关部门依照前款规定上报事故情况,同时应当报告本级人民政府。国务院安全生产监督管理部门和负有安全生产监督管理职责的有关部门以及省级人民政府接到发生特别重大事故、重大事故的报告后,应当立即报告国务院。

必要时,安全生产监督管理部门和负有安全生产监督管理职责的有关部门可以越级上报事故情况。

(7)安全生产监督管理部门和负有安全生产监督管理职责的有关部门逐级上报事故情况,每级上报的时间不得超过2小时。

(8)事故报告后出现新情况的,应当及时补报。

自事故发生之日起30日内,事故造成的伤亡人数发生变化的,应当及时补报。道路交通事故、火灾事故自发生之日起7日内,事故造成的伤亡人数发生变化的,应当及时补报。

(9)事故发生单位负责人接到事故报告后,应当立即启动事故相应应急预案,或者采取有效措施,组织抢救,防止事故扩大,减少人员伤亡和财产损失。

(10)事故发生地有关地方人民政府、安全生产监督管理部门和负有安全生产监督管理职责的有关部门接到事故报告后,其负责人应当立即赶赴事故现场,组织事故救援。

(11)事故发生后,有关单位和人员应当妥善保护事故现场以及相关证据,任何单位和个人不得破坏事故现场、毁灭相关证据。因抢救人员、防止事故扩大以及疏通交通等原因,需要移动事故现场物件的,应当做出标志,绘制现场简图并做出书面记录,妥善保存现场重要痕迹、物证。

（12）事故发生地公安机关根据事故的情况，对涉嫌犯罪的，应当依法立案侦查，采取强制措施和侦查措施。犯罪嫌疑人逃匿的，公安机关应当迅速追捕归案。

（13）安全生产监督管理部门和负有安全生产监督管理职责的有关部门应当建立值班制度，并向社会公布值班电话，受理事故报告和举报。

（14）报告事故应当包括下列内容：

① 事故发生单位概况；

② 事故发生的时间、地点以及事故现场情况；

③ 事故发生的简要经过；

④ 事故已经造成或者可能造成的伤亡人数（包括下落不明的人数）和初步估计的直接经济损失；

⑤ 已经采取的措施；

⑥ 其他应当报告的情况，要求有关单位和个人提供相关文件、资料时，不得拒绝。

事故发生单位的负责人和有关人员在事故调查期间不得擅离职守，并应当随时接受事故调查组的询问，如实提供有关情况。事故调查中发现涉嫌犯罪的，事故调查组应当及时将有关材料或者其复印件移交司法机关处理。

2.2.6.3　安全事故调查处理

《生产安全事故报告和调查处理条例》规定：

（1）重大事故、较大事故、一般事故，负责事故调查的人民政府应当自收到事故调查报告之日起 15 日内做出批复；特别重大事故，30 日内做出批复，特殊情况下，批复时间可以适当延长，但延长的时间最长不超过 30 日。有关机关应当按照人民政府的批复，依照法律、行政法规规定的权限和程序，对事故发生单位和有关人员进行行政处罚，对负有事故责任的国家工作人员进行处分。事故发生单位应当按照负责事故调查的人民政府的批复，对本单位负有事故责任的人员进行处理。负有事故责任的人员涉嫌犯罪的，依法追究刑事责任。

（2）事故发生单位应当认真吸取事故教训，落实防范和整改措施，防止事故再次发生。防范和整改措施的落实情况应当接受工会和职工的监督。安全生产监督管理部门和负有安全生产监督管理职责的有关部门应当对事故发生单位落实防范和整改措施的情况进行监督检查。

（3）事故处理的情况由负责事故调查的人民政府或者其授权的有关部门、机构向社会公布，依法应当保密的除外。

事故发生单位主要负责人有下列行为之一的，处上一年年收入 40%～80% 的罚款；属于国家工作人员的，并依法给予处分；构成犯罪的，依法追究刑事责任：

① 不立即组织事故抢救的；

② 迟报或者漏报事故的；

③ 在事故调查处理期间擅离职守的。

2.2.6.4　法律责任

《生产安全事故报告和调查处理条例》规定：

（1）事故发生单位及其有关人员有下列行为之一的，对事故发生单位处 100 万元以上 500 万元以下的罚款；对主要负责人、直接负责的主管人员和其他直接责任人员处上一年年收入 60%～100% 的罚款；属于国家工作人员的，并依法给予处分；构成违反治安管理行为的，由公安机关依法给予治安管理处罚；构成犯罪的，依法追究刑事责任：

①谎报或者瞒报事故的；

②伪造或者故意破坏事故现场的；

③转移、隐匿资金、财产，或者销毁有关证据、资料的；

④拒绝接受调查或者拒绝提供有关情况和资料的；

⑤在事故调查中作伪证或者指使他人作伪证的；

⑥事故发生后逃匿的。

（2）事故发生单位对事故发生负有责任的，依照下列规定处以罚款：

①发生一般事故的，处 10 万元以上 20 万元以下的罚款；

②发生较大事故的，处 20 万元以上 50 万元以下的罚款；

③发生重大事故的，处 50 万元以上 200 万元以下的罚款；

④发生特别重大事故的，处 200 万元以上 500 万元以下的罚款。

（3）事故发生单位主要负责人未依法履行安全生产管理职责，导致事故发生的，依照下列规定处以罚款；属于国家工作人员的，并依法给予处分；构成犯罪的，依法追究刑事责任：

①发生一般事故的，处上一年年收入 30％的罚款；

②发生较大事故的，处上一年年收入 40％的罚款；

③发生重大事故的，处上一年年收入 60％的罚款；

④发生特别重大事故的，处上一年年收入 80％的罚款。

（4）有关地方人民政府、安全生产监督管理部门和负有安全生产监督管理职责的有关部门有下列行为之一的，对直接负责的主管人员和其他直接责任人员依法给予处分；构成犯罪的，依法追究刑事责任：

①不立即组织事故抢救的；

②迟报、漏报、谎报或者瞒报事故的；

③阻碍、干涉事故调查工作的；

④在事故调查中作伪证或者指使他人作伪证的。

（5）事故发生单位对事故发生负有责任的，由有关部门依法暂扣或者吊销其有关证照；对事故发生单位负有事故责任的有关人员，依法暂停或者撤销其与安全生产有关的执业资格、岗位证书；事故发生单位主要负责人受到刑事处罚或者撤职处分的，自刑罚执行完毕或者受处分之日起，5 年内不得担任任何生产经营单位的主要负责人。

为发生事故的单位提供虚假证明的中介机构，由有关部门依法暂扣或者吊销其有关证照及其相关人员的执业资格；构成犯罪的，依法追究刑事责任。

（6）参与事故调查的人员在事故调查中有下列行为之一的，依法给予处分；构成犯罪的，依法追究刑事责任：

①对事故调查工作不负责任，致使事故调查工作有重大疏漏的；

②包庇、袒护负有事故责任的人员或者借机打击报复的。

（7）违反本条例规定，有关地方人民政府或者有关部门故意拖延或者拒绝落实经批复的对事故责任人的处理意见的，由监察机关对有关责任人员依法给予处分。

（8）本条例规定的罚款的行政处罚，由安全生产监督管理部门决定。

法律、行政法规对行政处罚的种类、幅度和决定，如机关另有规定的，依照其规定。

2.2.7　安全标志规范悬挂制度

安全标志是由安全色、几何图形和图形符号构成,以此表达特定的安全信息。安全标志分为禁止标志、警告标志、指令标志、提示标志四类。图 2.9 所示为安全警告标志。

禁止吸烟　　禁止触摸　　禁止跨越　　禁止烟火　　禁止攀登

禁止跳下　　禁止启动　　禁止乘人　　紧急出口　　注意安全

当心火灾　　当心触电　　必须戴安全帽　必须戴防护手套　必须系安全带

图 2.9　安全警告标志

《建筑施工安全检查标准》(JGJ 59—2011)对施工现场安全标志的设置提出了具体要求:

(1)由于建筑生产活动大多为露天、高处作业,不安全因素较多,有些工作危险性较大,是事故多发的行业,为引起人们对不安全因素的注意,预防发生事故,建筑施工企业在施工组织设计或施工组织的安全方案中或其他相关的规划、方案中必须绘制安全标志平面图。

(2)项目部必须按批准的安全标志平面图设置安全标志,坚决杜绝不按规定规范设置或不设置安全标志的行为。

2.2.8　其他制度

建筑施工企业、项目部建立以上制度的同时,尚应建立文明施工管理制度,施工起重机械使用登记制度,安全生产事故应急救援制度,意外伤害保险制度,消防安全管理制度,施工供电、用电管理制度,施工区交通管理制度,安全例会制度,防尘、防毒、防暴安全管理制度等。

思考与练习

1. 简述《建筑施工安全检查标准》(JGJ 59—2011)对安全和安全教育与培训的要求。
2. 简要回答“三级教育”的含义及其教育的内容。
3. 请拍摄一些施工现场的安全标志牌。

任务3　施工安全事故的应急救援预案

知识目标

熟悉施工安全事故应急救援预案的内容和注意事项。

能力目标

1. 具有参与编制施工安全事故应急救援预案的能力。
2. 能参与安全事故的救援处理与一般安全事故的调查。

思政目标

1. 具有团队协作精神和人道主义救援意识。
2. 培养热爱本职工作的情感价值观。

《生产安全事故应急预案管理办法》明确规定，生产经营单位要制订并实施本单位的生产安全事故应急救援预案；亦要求建筑施工单位应当建立应急救援组织，生产经营规模较小的也应当指定兼职的应急救援人员等。《建设工程安全生产管理条例》也规定，施工单位应当根据建设工程的特点、范围，对施工现场容易发生重大事故的部位、环节进行监控，制订施工现场生产事故预案，建立应急救援组织。如图2.10、图2.11所示。

图2.10　施工现场救援演练

图2.11　施工现场火灾救援演练

为贯彻落实国家安全生产的法律法规，促进建筑企业依法加强对建筑安全生产的管理，执行安全生产责任制度，预防和控制施工现场、生活区、办公区潜在的事故、事件或紧急情况，做好事故、事件应急准备,以便发生紧急情况和突发事故、事件时能及时有效地采取应急控制,最大限度地预防和减少可能造成的疾病、伤害、损失和环境影响,建筑企业应根据自身特点,制定建筑施工安全事故应急救援预案。

重大事故安全预案由企业(现场)应急计划和场外的安全预案组成。现场应急计划由企业负责,场外的安全预案由政府主管部门负责。现场应急计划和场外的安全预案应分开,但应协调一致。

2.3.1　施工安全事故的应急与救援预案的编制步骤

编制施工安全事故的应急与救援预案一般分三个阶段进行,各阶段主要步骤和内容如下:

(1)准备阶段:明确任务和组建编制组(人员)→调查研究、收集资料→危险源识别与风险评价→应急救援力量的评估→提出应急救援的需求→协调各级应急救援机构。

(2)编制阶段:制订目标管理→划分应急预案的类别、区域和层次→组织编写→分析汇总→修改完善。

(3)演练评估阶段:应急救援演练→全面评估→修改完善→审查批准→定期评审。

2.3.2　建筑施工安全事故应急救援预案的基本要素

1. 基本原则与方针

建筑施工安全事故应急救援预案要本着"安全第一、安全责任重于泰山"和"预防为主、自救为主、统一指挥、分工负责"的原则;坚持优先保护人和优先保护大多数人,优先保护贵重财产的方针;保证建筑施工事故应急处理措施的及时性和有效性。

2. 工程项目的基本情况

(1)工程概况

介绍项目的工程建设概况、工程建筑结构设计概况;项目施工特点;项目所在的地理位置,地形特点;现场周边环境、交通和安全注意事项等;现场气候特点等。

(2)施工现场内及施工现场周边医疗设施及人员情况

说明现场及附近医疗机构的情况,如医院(医务所)名称、位置、距离、联系电话等。并要说明施工现场医务人员名单,联系电话,有哪些常用医药和抢救设施。

(3)施工现场内及施工现场周边消防、救助设施及人员情况

介绍工地消防组成机构和成员,成立的义务消防队成员,消防、救助设施及其分布,消防通道等情况。应附施工消防平面布置图,画出消防栓、灭火器的设置位置,易燃易爆的位置,消防紧急通道,疏散路线等。

3. 风险识别与评价(即分析可能发生的事故与影响)

根据施工特点和任务,分析可能发生的事故类型、地点;事故影响范围(应急区域范围划定)及可能影响的人数;按所需应急反应的级别,划分事故严重程度;分析本工程可能发生的安全控制设备失灵、特殊气候、突然停电等潜在事故或紧急情况以及发生位置、影响范围(应急区域范围划定)等。列出工程中常见的事故:建筑质量安全事故,施工毗邻建筑坍塌事故、土方坍塌事故、气体中毒事故、架体倒塌事故、高空坠落事故、掉物伤人事故、触电事故等;对于土方坍塌、气体中毒事故等应分析和预知其可能对周围造成的不利影响和严重程度。

4.应急机构及职责分工

(1)指挥机构、成员及其职责与分工

企业或工程项目部应成立重大事故应急救援"指挥领导小组",由企业经理或项目经理、有关副经理及生产、安全、设备、保卫等负责人组成,下设应急救援办公室或小组,日常工作由治安部兼管负责。发生重大事故时,领导小组成员迅速到达指定岗位。以指挥领导小组为基础,成立重大事故应急救援指挥部,由经理任总指挥,有关副经理任副总指挥,负责事故的应急救援工作的组织和指挥。

(2)应急专业组、成员及其职责与分工

应急专业组如义务消防小组、医疗救护应急小组、专业应急救援小组、治安小组、后勤及运输小组等,要列出各组的组织机构及人员名单。值得注意的是,所有成员应由各专业部门的技术骨干、义务消防人员、急救人员和一些各专业的技术工人等组成。救援队伍必须由经培训合格的人员组成,明确各机构的职责。如写明指挥领导小组(部)的职责是负责本单位或项目预案的制订和修订;组建应急救援队伍,组织实施和演练;检查督促做好重大事故的预防措施和应急救援的各项准备工作;组织和实施救援行动;组织事故调查和总结应急救援工作,安全负责人负责事故的具体处置工作,后勤人员负责应急人员、受伤人员的生活必需品的供应工作。

5.报警信号与通信

(1)有关部门、人员的联系电话或联系方式及各种救援电话

如消防报警:119,公安:110,医疗:120,交通:122,市县建设局、安监局电话:×××,市县应急机构电话:×××,工地应急机构办公室电话:×××,各成员联系电话:×××,可提供救援协助邻近单位电话:×××,附近医疗机构电话:×××。

(2)施工现场报警联系地址及注意事项

报警者有时由于紧张而无法把地址和事故状况说明清楚,因此,最好把施工现场的联系方式事先写明。例如:××区××路××街××号(××大厦对面),如果工地确实是不易找到的,还应派人到主要路口接应。并应把以上的报警信号与联系方式贴在办公室外,方便紧急报警与联系。

6.事故的应急与救援

(1)应急响应和解除程序

①重大事故　首先发现者紧急大声呼救,同时可用手机或对讲机立即报告工地当班负责人→条件许可紧急施救→报告联络有关人员(紧急时立刻报警、打求助电话)→成立指挥部(组)→必要时向社会发出求救→实施应急救援、上报有关部门、保护事故现场等→善后处理。

②一般伤害事故或潜在危害　首先发现者紧急大声呼救→条件许可紧急施救→报告联络有关人员→实施应急救援、保护事故现场等→事故调查处理。

③应急救援的解除程序和要求　如写明决定终止应急、恢复正常秩序的负责人;确保不会发生未授权而进入事故现场的措施;应急取消、恢复正常状态的条件。

(2)事故的应急与救援措施

①各有关人员接到报警救援命令后,应迅速到达事故现场;尤其是现场急救人员要在第一时间到达事故地点,以便能使伤者得到及时、正确的救治。

②当医生未到达事故现场之前,急救人员要按照有关救护知识,立即救护伤员,在等待医

生救治或送往医院抢救过程中,不要停止和放弃施救。

③当事故发生后或发现事故预兆时,应立即分析事故的情况及影响范围,积极采取措施,并迅速组织疏散无关人员撤离事故现场,并组织治安人员确定警戒区域,不让无关人员进入事故现场,并保证事故现场的救援道路畅通,以便救援的实施。

(3)安全事故的应急和救援的方法

应根据事故发生的环境、条件、原因、发展状态和严重程度的不同,而采取相应合理的措施。在应急和救援过程中应防止二次事故的发生而造成救援人员的伤亡。

(4)其他有关规定

如有关学习、救援训练等,要写明有关的纪律,学习应急设备的保管和维护,更新和修订应急预案等各种制度和要求。

附有关常见事故的自救和急救常识等。因建筑施工安全事故的发生具有不确定性和多样性,因此,应急救援预案应根据本工程的具体情况附有关常见事故的自救和急救常识,方便大家学习了解。

思考与练习

试述编制安全事故应急救援预案的意义。

项目 3 建筑施工安全技术

知识目标

1. 了解土石方工程开挖的准备工作。
2. 熟悉土方工程开挖的安全技术措施。

能力目标

1. 具有执行土石方工程施工专项施工方案的能力。
2. 能根据《建筑施工安全检查标准》(JGJ 59—2011)的基坑支护安全检查评分表对基坑支护组织安全检查和评分。

思政目标

1. 养成土石方工程岗前安全责任意识。
2. 培养严格遵照施工方案执行的工作作风。

任务 1 土石方工程施工安全技术

土石方工程施工包括土(或石)的开挖、运输、回填压(夯)实等主要的施工过程,土石方施工往往受工程地质条件、地下水文、气候条件、施工地区的地形情况、交通运输条件、场地条件等因素的影响较大,不可确定的因素多,特别是在市区内施工,场地狭窄,土方的开挖、留置、放坡、支护、存放与运输等都受到场地条件的限制,容易出现塌方、高处坠落、机械及触电伤害等安全事故。因此,土方工程施工前,必须进行充分的调查研究,熟悉地形地貌及场地条件,必须了解和分析基坑周边环境因素,根据地质勘探资料了解土层结构,根据基坑(槽)深度等,制订合理的施工方案,制订相应的安全技术措施,确保施工安全。

3.1.1 土方开挖

3.1.1.1 土方工程施工方案(或安全措施)

根据建设部建质〔2004〕213 号文件关于《危险性较大工程安全专项施工方案编制及专家论证审查办法》的规定和《建筑施工土石方工程安全技术规范》(JGJ 180—2009)的要求,土石方工程应编制专项施工方案。土方工程是指具有大、特、新或特别复杂的土方开挖,如开挖深度超过 5m(含 5m)的基坑、槽的土方开挖,如图 3.1 所示;或开挖深度超过 5m(含 5m)的基坑(槽)并采用支护结构施工的工程,如图 3.2 所示;或基坑虽未超过 5m,但地质条件和周围环境复杂、地下水位在坑底以上等工程。必须根据有关规定单独编制土石方工程施工方案,并按规定程序履行专家论证等审批程序。土方工程施工,必须严格按批准的土方工程施工方案或安全措施进行施工,有特殊情况需要变更的,要履行相应的变更手续。

图 3.1　深基坑施工　　　　　　　　　图 3.2　深基坑支护结构

3.1.1.2　土方开挖的一般安全要求与技术

(1)施工前,应对施工区域内影响施工的各种障碍物,如建筑物、道路、各种管线、旧基础、坟墓、树木等,进行拆除、清理或迁移,确保安全施工。

(2)挖土前应根据安全技术交底,了解地下管线、人防及其他构筑物的情况和具体位置,地下构筑物外露时,必须加以保护。作业中应避开各种管线和构筑物,在现场电力、通信电缆 2m 范围内和在现场燃气、热力、给排水等管道 1m 范围内施工时,必须在其业主单位人员的监护下采取人工开挖。

(3)人工开挖槽、沟、坑深度超过 1.5m 的,必须根据开挖深度和土质情况,按安全技术措施或安全技术交底的要求放坡或支护,如遇边坡不稳或有坍塌征兆时,应立即撤离现场,并及时报告项目负责人,险情排除后,方可继续施工。

(4)人工开挖时,两个人操作应保持适当的间距(横向 2~3m,纵向间距不得小于 3m),并应自上而下逐层挖掘,严禁采用掏洞的挖掘操作方式。

(5)施工和管理人员上下槽、坑、沟应先挖好阶梯或设木梯,不应踩踏土壁及其支撑上下,施工间歇时不得在槽、沟、坑及坡脚下休息。

(6)在挖土过程中遇有古墓、地下管道、电缆或不能辨认的异物、液体、气体时,应立即停止施工,并报告现场负责人,待查明原因并采取措施处理后,方可继续施工。

(7)在雨期进行深基坑施工时,必须注意排除地面雨水,防止倒流入基坑,同时注意因雨水的渗入导致土体强度降低、土压力加大而造成的基坑边坡坍塌事故。

(8)当从槽、坑、沟中吊运送土至地面时,绳索、滑轮、钩子、箩筐等垂直运输设备、工具应完好牢固。起吊、垂直运送时下方不得站人。

(9)当配合机械挖土清理槽底时,严禁进入铲斗回转半径范围。必须待挖掘机停止作业后,方准进入铲斗回转半径范围内清土。

(10)夜间施工时,应合理安排施工项目,防止挖方超挖或铺填超厚。施工现场应根据需要安装照明设施,在危险地段应设置红灯警示。

(11)深基坑内光线不足,不论白天还是夜间施工,均应设置足够的电气照明,电气照明应符合《施工现场临时用电安全技术规范》(JGJ 46—2005)的有关规定。

(12)挖土时要随时注意土壁的变异情况,如发现有裂纹或部分塌落现象,要及时进行支撑或改缓放坡,并注意支撑的稳固和边坡的变化。

(13)在坑边堆放弃土、材料和移动施工机械,应与坑边保持一定距离(当土质良好时,要距坑边 1m 以上,堆放高度不能超过 1.5m)。

(14)在靠近建筑物旁挖掘基槽或深坑,其深度超过原有建筑物基础深度时,应分段进行,每段不得超过 2m。

3.1.2　基坑(槽)及管沟工程防坠落的安全技术与要求

(1)深度超过 2m 的基坑施工,其临边应设置防止人及物体滚落基坑的安全防护措施。必要时应设置警示标志,配备监护人员。

(2)基坑周边应搭设防护栏杆,栏杆的规格、杆件连接、搭设方式等必须符合《建筑施工高处作业安全技术规范》(JGJ 80—2016)的规定。

(3)人员上下基坑作业,应配备梯子,作为上下的安全通道,不得攀登固壁支撑上下;在坑内作业,可根据坑的大小设置专用通道。

(4)夜间施工时,施工现场应根据需要安设照明设施,在危险地段应设置红灯警示。

(5)在基坑内,无论是在坑底作业或者攀登作业或是悬空作业,均应有安全的立足点和防护措施。

(6)基坑较深,需要上下垂直同时作业的,应根据垂直作业层搭设作业架,各层用钢、木、竹板隔开,或采用其他有效的隔离防护措施,防止上层作业人员、土块或其他工具坠落伤害下层作业人员。

3.1.3　基坑降水与支护

3.1.3.1　基坑降水

在地下水位较高的地区进行基础施工,降低地下水位是一项非常重要的技术措施。当基坑无支护结构防护时,通过降低地下水位,以保证基坑边坡稳定,防止地下水涌入坑内,阻止流沙现象发生。但此时的降水会将基坑内外的局部水位同时降低,对基坑周围建筑物、道路、管线会造成不利影响,编制专项施工方案时应充分考虑。当基坑有支护结构围护时,一般仅在坑内降水以降低地下水位。有支护结构围护的基坑,由于围护体的降水效果较好,且隔水帷幕伸入透水性差的土层一定深度,这种情况下的降水类似盆中抽水。在封闭式的基坑内降水,到一定的时间后,在降水深度范围内的土体中几乎无水可降。此时降水的目的也已达到,方便了施工。但降水过程中应注意:

(1)土方开挖前保证一定时间的预抽水。

(2)降水深度必须考虑隔水帷幕的深度,防止产生管涌现象。

(3)降水过程中,必须与坑外观测井的监测密切配合,用观测数据来指导降水施工,避免隔水帷幕渗漏影响周围环境。

(4)注意施工用电安全。

3.1.3.2　基坑支护

基坑开挖是基础工程或地下工程施工的一个关键环节,尤其是软土地区的旧城改造项目以及集中于市区的高层、超高层建筑等,为了节约用地,在工程建设中,业主总是充分利用地下建筑空间,尽可能扩大使用面积,使得基坑边紧靠邻近建筑。周围环境要求深基坑施工时要确保稳定安全,这就使得深基坑施工的难度加大,所以基坑支护的设计与施工技术就显得尤为重要。根据《危险性较大工程安全专项施工方案编制及专家论证审查办法》,对于开挖深度超过5m(含5m)的基坑(槽)并采用支护结构(图3.3、图3.4)施工的工程,或基坑虽未超过5m,但地质条件和周围环境复杂、地下水位在坑底以上等工程和开挖深度超过5m(含5m)的基坑、槽的土方开挖,应当在施工前单独编制安全专项施工方案。根据《危险性较大工程安全专项施工方案编制及专家论证审查办法》,对于开挖深度超过5m(含5m)或地下室3层以上(含3层),或深度虽未超过5m(含5m),但地质条件和周围环境及地下管线极其复杂的工程(不得随意更改方案),地下暗挖及遇有溶洞、暗河、瓦斯、岩爆、涌泥、断层等地质复杂的隧道工程,建筑施工企业应当组织专家组进行论证审查。

图 3.3　深基坑排桩支护 1

图 3.4　深基坑排桩支护 2

3.1.4　基坑支护的施工监测

根据《建筑基坑工程监测技术规范》,深基坑监测是指为优化设计、指导施工提供可靠依据,确保基坑安全和保护基坑周边环境,在建筑基坑施工及使用期限内,对建筑基坑及周边环境实施的检查、监控工作。对开挖深度超过5m或开挖深度未超过5m但现场地质情况和周围环境较复杂的基坑工程,均应实施基坑工程监测。

3.1.4.1　监测内容

(1)支护结构顶部的水平位移和沉降;

(2)支护结构墙体变形的观测;

(3)支撑立柱的沉降观测;

(4)相关的自然环境;

(5)施工工况;

(6)基坑底部及周围土体;

(7)周围建(构)筑物的沉降观测;

(8)周围道路的沉降观测;

(9)周围地下管线及地下设施的变形观测;

(10)基坑内外地下水位的变化观测;

(11)其他应监测的对象。

3.1.4.2　监测要求

(1)基坑开挖前应编制系统的开挖监控方案,监控方案应包括监控目的、监控项目、监控报警值、监控方法及精度要求、检测周期、工序管理和记录制度以及信息反馈系统等。

(2)监控点的布置应满足监控要求。在基坑边线以外1～2倍开挖深度范围内需要保护的物体应作为保护对象。

（3）监测项目在基坑开挖前应测初始值，且不应少于两次。基坑监测项目的监控报警值应根据监测对象的有关规范及支护结构设计要求确定，以防坍塌。

（4）各项监测的时间可根据工程施工进度确定。当变形超过允许值，变化速率较大时，应增加观测次数；当有事故征兆时应连续监测。

（5）基坑开挖监测过程中应根据设计要求提供阶段性监测结果报告。工程结束时应提交完整的监测报告，报告内容应包括：工程概况，监测项目，各监测点的平面和立面布置图，采用的仪器设备和监测方法；监测数据的处理方法、监测结果过程曲线和监测结果评价等。

思考与练习

1. 土方开挖时，为确保安全施工，挖土作业应遵守哪些规定？
2. 土方开挖时，为防止坠落事故，应采取哪些安全措施？
3. 为什么要进行支护监测？监测的内容和要求是什么？

任务 2　脚手架工程安全技术

1. 了解脚手架工程的安全技术与要求。
2. 熟悉脚手架的种类、构造；掌握各种脚手架的搭设与拆除的安全技术措施。

1. 能阅读脚手架施工专项施工方案。
2. 能提交脚手架施工安全交底资料，能组织安全技术交底活动，并能记录和收录安全技术交底活动的有关安全管理档案资料。

1. 养成施工交底、记录的工作意识。
2. 培养热爱本职工作的情感价值观。

脚手架如图 3.5、图 3.6 所示，是建筑施工中必不可少的辅助设施，也是建筑施工中安全事故多发的部位，是施工安全控制的重中之重。因此，脚手架搭设之前，应根据《危险性较大工程安全专项施工方案编制及专家论证审查办法》的规定和具体工程的特点以及施工工艺确定脚手架专项搭设方案（并附设计计算书）。建筑施工企业专业工程技术人员编制的安全专项施工方案，由施工企业技术部门的专业技术人员及监理单位专业监理工程师进行审核，审核合格后，由施工企业技术负责人、监理单位总监理工程师签字。脚手架施工方案内容应包括基础处理、搭设要求、杆件间距、连墙杆设置位置及连接方法，并绘制施工详图及大样图；还应包括脚手架的搭设时间以及拆除的时间和顺序等。

图 3.5　外墙脚手架　　　　　　　　　　图 3.6　爬升式脚手架

根据《危险性较大工程安全专项施工方案编制及专家论证审查办法》的规定,施工前必须编制专项施工方案的脚手架工程包括:

(1)高度超过 24m 的落地式钢管脚手架;

(2)附着式升降脚手架,包括整体提升与分片式提升;

(3)悬挑式脚手架;

(4)门式脚手架;

(5)挂脚手架;

(6)吊篮脚手架;

(7)卸料平台。

施工现场的脚手架必须按照施工方案进行搭设,当现场因故改变脚手架类型时,必须重新修改脚手架施工方案并经审批后,方可施工。

3.2.1　脚手架工程安全技术与要求

3.2.1.1　脚手架材料及一般要求

1.脚手架杆件

(1)木脚手架。木脚手架立杆、纵向水平杆、斜撑、剪刀撑、连墙件应选用剥皮杉、落叶松木杆;横向水平杆应选用杉木、落叶松、柞木、水曲柳。不得使用折裂、扭裂、虫蛀、纵向有严重裂缝以及腐朽的木杆。立杆有效部分的小头直径不得小于 70mm,纵向水平杆有效部分的小头直径不得小于 80mm。

(2)竹脚手架。竹竿应选用生长期 3 年以上的毛竹或楠竹,不得使用弯曲、青嫩、枯脆、腐烂、裂纹连通两节以上以及虫蛀的竹竿。立杆、顶撑、斜杆有效部分的小头直径不得小于 75mm,横向水平杆有效部分的小头直径不得小于 90mm,搁栅、栏杆的有效部分小头直径不得小于 60mm 。对于小头直径在 60mm 以上但不足 90mm 的竹竿可采用双杆。

(3)钢管脚手架。钢管材质应符合 Q235-A 级标准,不得使用有明显变形、裂纹、严重锈蚀的材料。钢管规格宜采用 $\phi48mm \times 3.5m$,亦可采用 $\phi51mm \times 3.0m$ 钢管。钢管脚手架的杆件连接必须使用合格的玛钢扣件,不得使用铅丝或其他材料绑扎。

(4)同一脚手架中,不得混用两种材质,也不得将两种规格钢管用于同一脚手架中。

2.脚手架绑扎材料

(1)镀锌钢丝或回火钢丝严禁有锈蚀和损伤,且严禁重复使用。

(2)竹篾严禁发霉、虫蛀、断腰、有大节疤和折痕,使用其他绑扎材料时,应符合其他规定。

(3)扣件应与钢管管径相配合,并符合国家现行标准的规定。

3.脚手架上脚手板

(1)木脚手板厚度不得小于50mm,板宽宜为200~300mm,两端应用镀锌钢丝扎紧。材质不得低于国家Ⅱ等材标准的杉木和松木,且不得使用腐朽、劈裂的木板。

(2)竹串片脚手板应使用宽度不小于50mm的竹片,拼接螺栓间距不得大于600mm,螺栓孔径与螺栓应紧密配合。

(3)各种形式金属脚手板,单块重量不宜超过0.3kN,性能应符合设计使用要求,表面应有防滑构造。

4.脚手架搭设高度

钢管脚手架中扣件式单排架不宜超过24m,扣件式双排架不宜超过50m。门式脚手架不宜超过60m,木脚手架中单排架不宜超过20m,双排架不宜超过30m。竹脚手架中不得搭设单排架,双排架不宜超过35m。

5.脚手架的构造要求

(1)单双排脚手架的立杆纵距及水平杆步距不应大于2.1m,立杆横距不应大于1.6m。应按规定的间隔采用连墙件(或连墙杆)与主体结构连接,且在脚手架使用期间不得拆除。沿脚手架外侧应设剪刀撑,并与脚手架同步搭设和拆除。当双排扣件式钢管脚手架的搭设高度超过24m时,应设置横向斜撑。

(2)门式钢管脚手架的顶层门架上部、连墙体设置层、防护棚设置处均必须设置水平架。

(3)竹脚手架应设置顶撑杆,并与立杆绑扎在一起,顶紧横向水平杆。

(4)脚手架高度超过40m且有风涡流作用时,应设置抗风涡流上翻作用的连墙措施。

(5)脚手架必须按脚手架宽度铺满、铺稳,脚手架与墙面的间隙不应大于200mm,作业层脚手架手板的下方必须设置防护层。作业层外侧,应按规定设置防护栏和挡脚板。

(6)脚手架应按规定采用密目式安全网封闭。

3.2.1.2　脚手架工程安全生产的一般要求

(1)脚手架搭设前必须根据工程的特点,按照规范和规定,制订施工方案和搭设时的安全技术措施。

(2)脚手架搭设或拆除必须由符合劳动部颁发的《特种作业人员安全技术培训考核管理规定》经考核合格,领取特种作业人员操作证的专业架子工进行。

(3)操作人员应持证上岗。操作时必须戴安全帽、系安全带、穿防滑鞋。

(4)脚手架搭设的交底与验收要求:

①脚手架搭设前,工地施工员或安全员应根据施工方案要求以及外脚手架检查评分表中的检查项目及其扣分标准,并结合《建筑安装工人安全操作规程》相关的要求,写成书面交底资料,向持证上岗的架子工进行交底。

②脚手架通常是在主体工程基本完工时才搭设完毕,即分段搭设、分段使用。脚手架分段

搭设完毕,必须经施工负责人组织有关人员,按照施工方案及规范的要求进行检查验收。

③经验收合格,办理验收手续,填写脚手架底层搭设验收表、脚手架中段验收表、脚手架顶层验收表,有关人员签字后,方准使用。

④经验收不合格的应立即进行整改。对检查结果及整改情况,应按实测数据进行记录,并由检测人员签字。

(5)脚手架与高压线路的水平距离和垂直距离必须按照"施工现场对外电线路的安全距离及防护的要求"有关条文要求执行。

(6)大雾及雨、雪天气和 6 级以上大风时,不得进行脚手架上的高处作业。雨、雪天之后作业,必须采取安全防滑措施。

(7)脚手架搭设作业时,应按形成基本构架单元(图 3.5)的要求逐排、逐跨和逐步地进行搭设,矩形周边脚手架宜从其中的一个角部开始向两个方向延伸搭设。确保已搭部分稳定。

(8)门式脚手架以及其他纵向竖直面刚度较差的脚手架,在连墙点设置层宜加设纵向水平长横杆与连接件连接。

(9)搭设作业,应按以下要求做好自我保护和保护作业现场人员的安全:

①在架上作业人员应穿防滑鞋和佩挂安全带。为了保证作业的安全,脚下应铺设必要数量的脚手板,并应铺设平稳,且不得有探头板。当暂时无法铺设落脚板时,用于落脚或抓握、把(夹)持的杆件均应为稳定的构架部分,着力点与构架节点的水平距离应不大于 0.8m,垂直距离应不大于 1.5m。位于立杆接头之上的自由立杆(尚未与水平杆连接者)不得用作把持杆。

②架上作业人员应做好分工和配合,传递杆件应掌握好重心,平稳传递。不要用力过猛,以免引起人身或杆件失衡。对完成的每一道工序,要进行询问并确认后才能进行下一道工序。

③作业人员应佩戴工具袋,工具用后装于袋中,不要放在架子上,以免掉落伤人。

④架设材料要随上随用,以免放置不当时掉落。

⑤每次收工以前,所有上架材料应全部搭设上,不要存留在架子上,而且一定要形成稳定的构架,不能形成稳定构架的部分应采取临时撑拉措施予以加固。

⑥在搭设作业过程中,地面上的配合人员应避开可能坠物的区域。

(10)架上作业时的安全注意事项:

①作业前应注意检查作业环境是否可靠,安全防护设施是否齐全有效,确认无误后方可作业。

②作业时应注意随时清理落在架面上的材料,保持架面上规整清洁,不要乱放材料、工具,以免影响作业的安全和坠物伤人。

③在进行撬、拉、推等操作时,要注意采取正确的姿势,站稳脚跟,或一手把持在稳固的结构或支撑物上,以免用力过猛身体失去平衡或把东西甩出。在脚手架上拆除模板时,应采取必要的支托措施,以防拆下的模板材料掉落架外。

④当架面高度不够、需要垫高时,一定要采用稳定可靠的垫高办法,且垫高不要超过50cm;超过 50cm 时,应按搭设规定升高铺板层。在升高作业面时,应相应加高防护设施。

⑤在架面上运送材料经过正在作业中的人员时,要及时发出"请注意"、"请让一让"的信号。材料要轻搁稳放,不许采用倾倒、猛磕或其他匆忙卸料方式。

⑥严禁在架面上打闹戏耍、退着行走或跨坐在外防护横杆上休息。不要在架面上抢行、跑跳,相互避让时应注意身体不要失衡。

⑦在脚手架上进行电气焊作业时,要铺铁皮接着火星或移去易燃物,以防火星点着易燃物。应有防火措施;一旦着火,及时予以扑灭。

(11)其他安全注意事项:

①运送杆配件应尽量利用垂直运输设施或悬挂滑轮提升,并绑扎牢固。尽量避免或减少用人工层层传递。

②除搭设过程中必要的1～2步架的上下外,作业人员不得攀爬脚手架上下,应走房屋楼梯或另设安全人梯。

③在搭设脚手架时,不得使用不合格的架设材料。

④作业人员要服从统一指挥,不得各行其是。

(12)钢管脚手架的高度超过周围建筑物或在雷暴较多的地区施工时,应安设防雷装置。其接地电阻应不大于4Ω。

(13)架上作业应按规范或设计规定的荷载使用,严禁超载。并应遵守如下要求:

①作业面上的荷载,包括脚手板、人员、工具和材料,当施工组织设计无规定时,应按规范的规定值控制,即结构脚手架不超过3kN/m²;装修脚手架不超过2kN/m²;维护脚手架不超过1kN/m²。

②脚手架的铺脚手板层和同时作业层的数量不得超过规定。

③垂直运输设施(如物料提升架等)与脚手架之间的转运平台的铺板层数和荷载控制应按施工组织设计的规定执行,不得任意增加铺板层的数量和在转运平台上超载堆放材料。

④架面荷载应力求均匀分布,避免荷载集中于一侧。

⑤过梁等墙体构件要随运随装,不得存放在脚手架上。

⑥较重的施工设备(如电焊机等)不得放置在脚手架上。严禁将模板支撑、缆风绳、泵送混凝土及砂浆的输送管等固定在脚手架上及任意悬挂起重设备。

(14)架上作业时,不要随意拆除基本结构杆件和连墙件,因作业的需要必须拆除某些杆件和连墙点时,必须取得施工主管和技术人员的同意,并采取可靠的加固措施后方可拆除。

(15)架上作业时,不要随意拆除安全防护设施,未设置或设置不符合要求时,必须补设或改善后,才能上架进行作业。

3.2.1.3　落地扣件式钢管脚手架的搭设安全技术与要求

扣件式钢管脚手架的设计计算与搭设应满足《建筑施工扣件式钢管脚手架安全技术规范》(JGJ 130—2011)及有关规范标准的要求;《建筑施工安全检查标准》(JGJ 59—2011)对扣件式钢管脚手架的安全检查提出了具体的要求。

3.2.2　施工方案

(1)脚手架搭设之前,应根据工程特点和施工工艺确定脚手架搭设方案,并应符合《危险性较大工程安全专项施工方案编制及专家论证审查办法》的规定及国家有关规范标准的要求。脚手架专项施工方案的内容应包括:基础处理、搭设要求、杆件间距、连墙杆设置位置及连接方法,并绘制施工详图和大样图,同时还应包括脚手架搭设的时间、拆除时间及其顺序等。

(2)落地扣件式钢管脚手架的搭设尺寸应经计算确定并应符合《建筑施工扣件式钢管脚手架安全技术规范》(JGJ 130—2011)的有关设计计算的规定。

(3)50m以下的常用敞开式单、双排脚手架,当采用《建筑施工扣件式钢管脚手架安全技术规范》(JGJ 130—2011)的第 6.1.1 条规定的构造尺寸,且符合该规范表 5.1.7、第六章的规定时,其相应的杆件可不再进行计算。但连墙件立杆、地基承载力等仍应根据实际荷载进行设计计算。

(4)施工现场的脚手架必须按施工方案进行搭设,因故需要改变脚手架的类型时,必须重新修改脚手架的施工方案并经审批后,方可施工。

3.2.3　脚手架的搭设要求

1.落地式脚手架

落地式脚手架的基础(必要时要进行设计计算)应坚实、平整,有排水措施确保架体不积水、不沉陷并应定期检查。立杆不埋设时,每根立杆底部应设置垫板或底座,并应设置纵、横向扫地杆。纵向扫地杆应采用直角扣件固定在距底座上皮不大于 200mm 处的立杆上;横向扫地杆亦应采用直角扣件固定在紧靠纵向扫地杆下方的立杆上。当立杆基础不在同一高度上时,必须将高处的纵向扫地杆向低处延长两跨与立杆固定,高低差不应大于 1m。靠边坡上方的立杆轴线到边坡的距离不应小于 500mm。

2.架体稳定与连墙件

连墙件的数量应根据《建筑施工扣件式钢管脚手架安全技术规范》(JGJ 130—2011)的设计计算确定,并应符合下列要求:

①扣件式钢管脚手架双排架高在 50m 以下或单排架高在 24m 以下,按不大于 40m² 设置一处;双排架高在 50m 以上,按不大于 27m² 设置一处,连墙件布置最大间距见表 3.1。

表 3.1　脚手架竖向、水平间距

脚手架高度		竖向间距 h	水平间距 l_a	每根连墙件覆盖面积(m²)
双排	≤50m	$3h$	$3l_a$	≤40
	>50m	$2h$	$3l_a$	≤27
单排	≤24m	$3h$	$3l_a$	≤40

注:h—步距;l_a—纵距。

门式钢管脚手架架高在 45m 以下,基本风压小于或等于 0.55kN/m²,按不大于 48m² 设置一处;架高在 45m 以下,基本风压大于 0.55kN/m²,或架高在 45m 以上,按不大于 24m² 设置一处。

②一字形、开口型脚手架的两端,必须设置连墙件。连墙件的垂直间距不应大于建筑物的层高,并不应大于 4m(两步)。

③连墙件必须采用可承受拉力和压力的构造,并与建筑结构连接。

④24m 以上的双排脚手架,必须采用刚性连墙件与建筑物可靠连接。

⑤连墙件宜靠近主节点设置,偏离节点的距离不应大于 300mm。

⑥连墙件应尽可能水平设置,当不能水平设置时,与脚手架连接的一段应下斜连接。

⑦当脚手架下部暂不能设置连墙件时可设置抛撑,抛撑的设置应符合规范要求。

⑧连墙件的设置方法、设置位置应在施工方案中确定,并绘制连接详图。连墙件应与脚手架同步搭设。

⑨严禁在脚手架使用期间拆除连墙件。

3.杆件间距与剪刀撑

(1)立杆、大横杆。立杆、大横杆等杆件间距应符合《建筑施工扣件式钢管脚手架安全技术规范》(JGJ 130—2011)的有关规定,并应在施工方案中予以确定。当遇到洞口等处需要加大间距时,应按规范进行加固。

(2)立杆是脚手架的主要受力杆件,其材料、规格和间距等应按规范设计计算确定,并应满足《建筑施工扣件式钢管脚手架安全技术规范》(JGJ 130—2011)的构造要求,立杆应均匀设置,不得随意加大。

(3)剪刀撑与横向斜撑的设置应符合下列要求:

①扣件式钢管双排脚手架应设剪刀撑与横向斜撑,单排脚手架应设剪刀撑,如图3.7所示。

图3.7　脚手架剪刀撑

②架高在24m以下的单、双排脚手架的两端,必须沿全高设置一道剪刀撑(水平方向沿脚手架长度间隔一般不大于15m设置);架高在24m以上时,应沿脚手架整个长度和高度方向连续设置剪刀撑,并应设置横向斜撑,横向斜撑由架底至架顶呈之字形连续布置,沿脚手架长度方向间隔6跨设置一道。

(4)一字形、开口型双排脚手架的两端均必须设置横向斜撑。

(5)门式钢管脚手架的内外两个侧面除应满设交叉支撑杆外,当架高超过20m时,还应在脚手架外侧沿长度和高度方向连续设置剪刀撑,剪刀撑钢管规格应与门架钢管规格一致。当剪刀撑钢管直径与门架钢管直径不一致时,应采用异型扣件连接;满堂扣件式钢管脚手架除沿脚手架外侧四周和中间设置竖向剪刀撑外,当脚手架高于4m时,还应沿脚手架每两步高度设置一道水平剪刀撑。

(6)每道剪刀撑跨越立杆的根数宜按表3.2的规定确定。每道剪刀撑宽度不应小于4跨,且不应小于6m,斜杆与地面的倾角宜为45°~60°。

表3.2　剪刀撑跨越立杆的最多根数

剪刀撑斜杆与地面的倾角 α	45°	50°	60°
剪刀撑跨越立杆的最多根数 n	7	6	5

4.扣件式钢管脚手架

扣件式钢管脚手架的主节点处必须设置横向水平杆,在脚手架使用期间严禁拆除。单排脚手架横向水平杆插入墙内长度不应小于180mm。

5. 扣件式钢管脚手架

除顶层外,立杆杆件接长时,相邻杆件的对接接头不应设在同步内;相邻纵向水平杆对接接头不宜设置在同步或同跨内。扣件式钢管脚手架立杆接长除顶层外应采用对接。

6. 小横杆设置

(1)小横杆的设置位置应在立杆与大横杆的交接点处。

(2)施工层应根据铺设脚手板的需要增设小横杆。增设的位置视脚手板的长度与设置要求和小横杆的间距综合考虑。转入其他层施工时,增设的小横杆可同脚手板一起拆除。

(3)双排脚手架的小横杆必须两端固定,使里外两片脚手架连成整体。

(4)单排脚手架不适用于半砖墙或 180mm 墙。

(5)小横杆在墙上的支撑长度不应小于 240mm。

7. 脚手架材质

脚手架材质应满足有关规范、标准及本章第 3.2.1 节脚手架搭设材料的要求。

8. 脚手板与护栏

(1)脚手板必须按照脚手架的宽度铺满,板与板之间要靠紧,不得留有空隙,离墙面不得大于 200mm。

(2)脚手板可采用竹、木或钢脚手板,材质应符合规范要求,每块质量不宜大于 30kg。

(3)钢制脚手板应采用 2~3mm 的 A3 钢,长度为 1.5~3.6m,宽度为 230~250mm,肋高以 50mm 为宜,两端应有连接装置,板面应钻有防滑孔。凡有裂纹、扭曲不得使用。

(4)木脚手板应用厚度不小于 50mm 的杉木或松木板,不得使用脆性木材。木脚手板宽度以 200~300mm 为宜,凡是腐朽、扭曲、斜纹、破裂和大横节的不得使用。板的两端 80mm 处应用镀锌铁丝箍 2~3 圈或用铁皮钉牢。

(5)竹脚手板应采用由毛竹或楠竹制作的竹串片板、竹笆板。竹板必须穿钉牢固,无残缺竹片。

(6)脚手板搭接时搭接长度不得小于 200mm;对头接时应架设双排小横杆,间距不大于 200mm。

(7)脚手板伸出小横杆以外大于 200mm 的称为探头板,因其易造成坠落事故,故脚手架上不得有探头板出现。

(8)在架子拐弯处脚手板应交叉搭接。垫平脚手板应用木块,并且要钉牢,不得用砖垫。

(9)脚手架外侧随着脚手架的升高,应按规定设置密目式安全网,必须扎牢、密实,形成全封闭的护立网,主要防止砖块等物坠落伤人。

(10)作业层脚手架外侧以及斜道和平台均要设置 1.2m 高的防护栏杆和 180mm 高的挡脚板,防止作业人员坠落和脚手板上物料滚落。

9. 杆件搭接

(1)钢管脚手架的立杆需要接长时,应采用对接扣件连接,严禁采用绑扎搭接。

(2)钢管脚手架的大横杆需要接长时,可采用对接扣件连接,也可采用搭接,但搭接长度不应小于 1m,并应等间距设置 3 个旋转扣件固定。

(3)剪刀撑需要接长时,应采用搭接方法,搭接长度不小于 500mm,搭接扣件不少于 2 个。

(4)脚手架的各杆件接头处传力性能差,接头应错开,不得设置在一个平面内。

10. 架体内封闭

(1)施工层的下层应铺满脚手板,对施工层的坠落可起到一定的防护作用。

（2）当施工层的下层无法铺设脚手板时，应在施工层下挂设安全平网，用于挡住坠落的人或物。平网应与水平面平行或外高里低，一般以15°为宜，网与网之间要拼接严密。

（3）除施工层的下层要挂设安全平网外，施工层以下每四层楼或每隔10m应设一道固定安全平网。

11.通道

（1）架体应设置上下通道，供操作工人和有关人员上下，禁止攀爬脚手架。通道也可作为少量的轻便材料、构件的运输通道。

（2）专供施工人员上下的通道，坡度以1:3为宜，宽度不得小于1m；作为运输用的通道，坡度以1:6为宜，宽度不小于1.5m。

（3）休息平台设在通道两端转弯处。

（4）架体上的通道和平台必须设置防护栏杆、挡脚板及防滑条。

12.卸料平台

（1）卸料平台是高处作业安全设施，应按有关规范、标准进行单独设计计算，并绘制搭设施工详图。卸料平台的架干材料必须满足有关规范、标准的要求。

（2）卸料平台必须按照设计施工图搭设，并应制作成定型化、工具化的结构。平台上脚手板要铺满，临边要设置防护栏杆和挡脚板，并用密目式安全网封严。

（3）卸料平台的支撑系统要经过承载力、刚度和稳定性验算，并应自成结构体系，禁止与脚手架连接。

（4）卸料平台上应用标牌显著地标示平台允许荷载值，平台上允许的施工人员和物料的总重量，严禁超过设计的允许荷载。

3.2.4　悬挑扣件式钢管脚手架搭设安全技术与要求

悬挑扣件式钢管脚手架设计计算和搭设，除满足落地扣件式脚手架的一般要求外，尚应满足下列要求：

（1）悬挑立杆应按施工方案的要求与建筑结构连接牢固，禁止与模板系统的立柱连接。

（2）悬挑式脚手架应按施工图搭设：

①悬挑梁是悬挑式脚手架的关键构件，对悬挑式脚手架的稳定与安全使用起着至关重要的作用，悬挑梁应按立杆的间距布置，设计图纸对此应明确规定。

②当采用悬挑式脚手架结构时，支撑悬挑式脚手架架设的结构构件，应能承受悬挑式脚手架传给它的水平力和垂直力的作用。若根据施工需要只能设置在建筑结构的薄弱部位时，应加固结构，并设拉杆或压杆，将荷载传递给建筑结构的坚固部位。悬挑式脚手架与建筑结构的固定方法必须经计算确定。

（3）立杆的底部必须支撑在牢固的地方，并采取措施防止立杆底部发生位移。

（4）为确保架体的稳定，应按落地式外脚手架的搭设要求，将架体与建筑结构拉结牢固。

（5）脚手架施工荷载：结构架为3kN/m²，装饰架为2kN/m²，工具式脚手架为1kN/m²。悬挑式脚手架施工荷载一般可按装饰架计算，施工时严禁超载使用。

（6）悬挑式脚手架操作层上，施工荷载要均匀，不应集中，并不得存放大宗材料或过重的设备。

（7）悬挑式脚手架立杆间距、倾斜角度应符合施工方案的要求，不得随意更改，脚手架搭设完毕须经有关人员验收合格后,方可投入使用。

(8)悬挑式脚手架应分段搭设、分段验收,验收合格并履行有关手续后可分段投入使用。

(9)悬挑式脚手架的操作层外侧,应按临边防护的规定设置防护栏杆和挡脚板。防护栏杆由栏杆柱和上下两道横杆组成,上杆距脚手板高度为 1.0~1.2m,下杆距脚手板高度为 0.5~0.6m。在栏杆下面设置严密固定的高度不低于 180mm 的挡脚板。

(10)作业层下应按规定设置一道防护层,防止施工人员或物料坠落。

(11)多层悬挑式脚手架应按落地式脚手架的要求,在作业层下(原作业层上)满铺脚手板,铺设方法应符合规范要求,不得有空档和探头板。

(12)单层悬挑式脚手架须在作业层的脚手板下面挂一道安全平网作为防护层。

(13)作业层下搭设安全平网应每隔 3m 设 1 根支杆,支杆与地面保持 45°。网应外高内低,网与网之间必须拼接严密,网内杂物要随时清除。

(14)搭设悬挑式脚手架所用的各种杆件、扣件、脚手板等材料的材质、规格必须符合有关规范和施工方案的规定。

(15)悬挑梁、悬挑架的用材应符合钢结构设计规范的有关规定,并应有试验报告。

3.2.5　门式脚手架工程安全技术

门式脚手架的设计计算与搭设应满足《建筑施工门式钢管脚手架安全技术标准》(JGJ/T 128—2019)及有关规范标准的要求;《建筑施工安全检查标准》(JGJ 59—2011)对门式钢管脚手架的安全检查提出了具体的要求。门式脚手架基本构造如图 3.8 所示,其中门架如图 3.9 所示。

1.施工方案的编制要求

(1)门式脚手架搭设之前,应根据工程特点和施工条件等编制脚手架专项施工方案,绘制搭设详图。

(2)门式脚手架搭设高度一般不超过 45m,若降低施工荷载并缩小连墙杆的间距,则门式脚手架的搭设高度可增至 60m。

(3)门式脚手架施工方案必须符合《建筑施工门式钢管脚手架安全技术标准》(JGJ/T 128—2019)的有关规定。

(4)门式脚手架的搭设高度超过 60m 时,应绘制脚手架分段搭设结构图,并对脚手架的承载力、刚度和稳定性进行设计计算,编写设计计算书。设计计算书应报上级技术负责人审核批准。

2.架体基础

(1)搭设脚手架的场地必须平整坚实,并做好排水,回填土地面必须分层回填,逐层夯实。

(2)落地式门式脚手架的基础,根据土质及搭设高度可按《建筑施工门式钢管脚手架安全技术标准》(JGJ/T 128—2019)的要求处理。

(3)当土质与上述规范的要求不符时,应按现行国家标准《建筑地基基础设计规范》(GB 50007—2011)对脚手架基础进行设计计算。

(4)门式脚手架底部应设置纵横向扫地杆,可减少脚手架的不均匀沉降。

3.架体稳定

(1)门式脚手架应按规定间距与墙体拉结,防止架体变形。连墙件的设置位置应按规范计

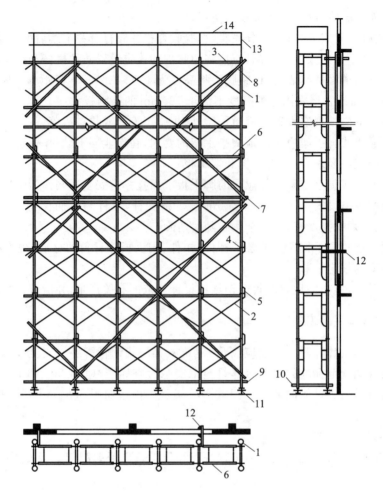

图 3.8　门式钢管脚手架的组成

1— 门架;2—交叉支撑;3—脚手板;4—连接棒;5—锁臂;6—水平架;7—水平加固杆;

8—剪刀撑;9—扫地杆;10—封口杆;11—底座;12—连墙件;13—栏杆;14—扶手

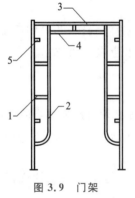

图 3.9　门架

1—立杆;2—立杆加强杆;3—横杆;

4—横杆加强杆;5—锁销

算确定并符合以下要求:

①搭设高度在 45m 以下时,连墙杆竖向间距不大于 6m,水平方向间距不大于 8m。

②搭设高度在 45m 以上时,连墙杆竖向间距不大于 4m,水平方向间距不大于 6m。

③在脚手架的转角处、不闭合(一字形、槽型)脚手架的两端应增设连墙件,其竖向间距不应大于 4.0m。

④脚手架外侧应设防护棚或安全网,承受偏心荷载的部位应增设连墙件,其竖向间距不应大于 4.0m。

(2)连墙件的一端固定在门式框架横杆上,另一端伸过墙体,固定在建筑结构上,不得有滑动或松动现象。

(3)门式脚手架应设置剪刀撑,以加强整片脚手架的稳定性。当架体高度超过 20m 时,应在脚手架外侧连续设置剪刀撑,沿高度方向与架体同步搭设。

（4）剪刀撑与地面夹角为 45°～60°，剪刀撑的宽度宜为 4～8m。需要接长时，应采用搭接方法，搭接长度不小于 600mm，搭接扣件不少于 2 个。剪刀撑应采用扣件与门架立杆扣紧。

（5）门式脚手架高度超过 20m 时，应在脚手架外侧每隔四步设置一道水平加固杆，并宜在有连墙件的水平层设置。

（6）设置纵向水平加固杆应连续，并形成水平封闭圈。在脚手架的底部门架下端应加封口杆，门架的内、外两侧应通长设扫地杆。

（7）转角处门架连接应符合规范要求。

（8）门式脚手架搭设自由高度不超过 4m。

（9）严格控制门式脚手架的垂直度和水平度。

4. 杆件、锁件

（1）应按说明书的规定组装脚手架，不得遗漏杆件和锁件。

（2）上、下门架的组装必须设置连接棒及锁臂。

（3）门式脚手架组装时，按说明书的要求拧紧各螺栓，不得松动。各部件的锁臂、搭钩必须处于锁住状态。

（4）门架的内外两侧均应设置交叉支撑，并应与门架立杆上的锁销锁牢。

（5）门架安装应自一端向另一端延伸，搭完一步架后，应及时检查、调整门架的水平度和垂直度。

5. 脚手板

（1）作业层应连续满铺脚手板，并与门架横梁扣紧或绑牢。

（2）脚手板材质必须符合规范和施工方案的要求。

（3）脚手板必须按要求绑牢，不得出现探头板。

6. 架体防护

（1）作业层脚手架外侧以及斜道和平台均要设置 1.2m 高的防护栏杆和 180mm 高的挡脚板，防止作业人员坠落和脚手板上物料滚落。

（2）脚手架外侧随着脚手架的升高，应按规定设置密目式安全网，必须扎牢、密实，形成全封闭的防护立网。

7. 材质

（1）门架及其配件的规格、性能和质量应符合现行行业标准《建筑施工门式钢管脚手架安全技术标准》（JGJ/T 128—2019）的规定，并应有出厂合格证明书及产品标志。

（2）门式脚手架是以定型的门式框架为基本构件的脚手架，若其杆件严重变形将难以组装，其承载力、刚度和稳定性都将被削弱，隐患严重，因此，严重变形的杆件不得使用。

（3）杆件焊接后不得出现局部开焊现象。

8. 荷载

（1）门式脚手架施工荷载：结构架为 3kN/m²，装饰架为 2kN/m²。施工时严禁超载使用。

（2）脚手架操作层上，施工荷载要均匀，不应集中，并不得存放大宗材料或过重的设备。

9. 通道

（1）门式脚手架必须设置供施工人员上下的专用通道，禁止在脚手架外侧随意攀登，以免发生伤亡事故；同时防止支撑杆件变形，影响脚手架的正常使用。

（2）通道斜梯应采用挂扣式钢梯，宜采用"之"字形，一个梯段宜跨越两步或三步。

(3)钢梯应设栏杆扶手。

10. 搭设与拆除

门式脚手架搭设与拆除必须符合规范要求。

3.2.6　挂脚手架工程安全技术

挂脚手架必须按有关规范、标准进行设计、搭设与验收,并按《建筑施工安全检查标准》(JGJ 59—2011)对挂脚手架的安全检查要求进行检查,并满足相应的安全技术要求。《建筑施工安全检查标准》对挂脚手架的安全检查要求如下:

1. 挂脚手架施工方案编制要求

(1)挂脚手架施工前,应根据工程具体特点和施工条件等编制挂脚手架的施工方案,方案应包括材质、制作、安装、验收、使用及拆除等主要内容,方案应详细、具体、针对性强,并应附有设计计算书,施工方案必须履行有关审批手续。

(2)设置挂点的结构构件,必须进行强度和稳定性验算。

(3)挂脚手架的预埋件的制作、安装,钢架的制作与安装等,应按施工方案及有关规范、标准进行,并绘制制作与安装详图。

(4)挂脚手架的挂点必须有足够的强度、塑性和使用安全系数。

2. 制作与组装

(1)架体材料规格及制作组装应符合施工方案要求和有关规范、标准的规定。

(2)挂脚手架设计的关键是悬挂点。悬挂点不论采用哪种方式,都必须进行设计,挂点设计要合理全面。

(3)挂脚手架的跨度不得大于 2m,否则脚手板跨度过大,易发生断裂,因此,挂脚手架的悬挂点间距不得超过 2m。

3. 材质

(1)挂脚手架材质必须符合施工方案及有关规范、标准的要求。

(2)变形的杆件必须经修复后方可使用;严重变形的杆件不得使用。焊接处不得出现漏焊、假焊、局部开焊等现象。

(3)挂脚手架所用钢材有锈蚀的须及时除锈,并刷防锈漆。

4. 脚手板

(1)脚手板必须满铺,按要求将脚手板与挂脚手架绑扎牢固。

(2)挂脚手架不得使用竹脚手板,应使用 50mm 厚杉木或松木板,不得使用脆性木材。木脚手板宽度以 200～300mm 为宜,凡是腐朽、扭曲、斜纹、破裂和大横节的不得使用。

(3)脚手板搭接时搭接长度不得小于 200mm,不得出现探头板。

5. 荷载

(1)挂脚手架施工荷载为 $1kN/m^2$,严禁超载使用,并避免荷载集中。

(2)挂脚手架的跨度一般不大于 2m,不得超过 2 人同时作业;上下挂脚手架以及操作时动作要轻,不得往挂脚手架上跳;脚手架上也不得存放过多材料。

6. 架体防护

(1)施工层脚手架外侧要设置 1.2m 高的防护栏杆和 180mm 高的挡脚板,防止作业人员坠落和脚手板上物料滚落。

（2）脚手架外侧应按规定设置密目式安全网，必须扎牢、密实，形成全封闭的防护立网。

（3）脚手架底部应设置安全平网，或同时设置密目式安全网与安全平网，以防落人或落物。

7.交底与验收

（1）挂脚手架必须按设计图纸进行制作、组装，制作、组装完成后应按规定进行验收，验收合格后相关人员在验收单上签字，完备验收手续。

（2）挂脚手架在使用前，要在近地面处按要求进行载荷试验（加载试验至少在 4h 以上），载荷试验应有记录，试验合格并履行相关手续后，方可使用。

（3）挂脚手架每次移挂完成使用前，应进行检查验收，验收人员要在验收单上签署验收结论，验收合格方可使用。

（4）挂脚手架安装或使用前，施工员应对操作人员进行书面交底，交底要有记录，交底双方应在交底记录上签字，手续齐全。

8.安装人员

（1）挂脚手架组装、安装人员应参加专业技术培训，考试合格，取得上岗证，持证上岗。

（2）挂脚手架的安装和脚手板的铺设属高处作业，安装人员应戴好安全帽，系好安全带。

3.2.7 吊篮脚手架安全技术

吊篮脚手架（吊架基本构造见图 3.6），必须按《高处作业吊篮》（GB/T 19155—2017）及有关规范、标准进行设计、制作、安装、验收与使用，并按《建筑施工安全检查标准》（JGJ 59—2011）对吊篮脚手架的安全检查要求进行检查，该标准对吊篮脚手架的安全检查要求如下：

1.施工方案的编制

（1）吊篮脚手架施工前，应根据工程具体特点和施工条件等编制吊架的施工方案，方案应包括材质、制作、安装、验收、使用及拆除等主要内容，方案应详细、具体、针对性强，并应附有设计计算书，施工方案必须履行有关审批手续。

（2）方案中必须有吊篮和挑梁的设计，应对吊篮脚手架的挑梁、吊篮、吊绳、手扳或电动葫芦等进行设计计算，并绘制施工图。

（3）如果吊篮脚手架为工厂生产的产品，则应有产品出厂合格证，厂家应向用户提供安装和使用说明书。

2.制作与组装

（1）挑梁一般用工字钢或槽钢制成，用 U 形锚环或预埋螺栓固定在屋顶上。

（2）挑梁必须按设计要求与主体结构固定牢靠。承受挑梁拉力的预埋吊环，应用直径不小于 16mm 的圆钢，埋入混凝土的长度不小于 360mm，并与主筋焊接牢固。挑梁的挑出端应高于固定端，挑梁之间纵向应用钢管或其他材料连接成一个整体。

（3）挑梁挑出长度应使吊篮钢丝绳垂直于地面。

（4）必须保证挑梁抵抗力矩大于倾覆力矩的 3 倍。

（5）当挑梁采用压重时，配重的位置和重量应符合设计要求，并采取固定措施。

（6）吊篮平台可采用焊接或螺栓连接进行组装，禁止使用钢管扣件连接。

（7）电动（手扳）葫芦必须有产品合格证和说明书，非合格产品不得使用。

（8）吊篮组装后应经加载试验，确认合格后方可使用，参加试验的有关人员在试验报告上签字。脚手架上应标明允许载重量。

3. 安全装置

(1)使用手扳葫芦时应设置保险卡,保险卡要能有效地限制手扳葫芦的升降,防止吊篮平台发生下滑。

(2)吊篮组装完毕,经检查合格后,接上钢丝绳,同时将提升钢丝绳和保险绳分别插入提升机构及安全锁中,使用中必须有两根直径为 12.5mm 以上的钢丝绳做保险绳,接头卡扣不少于 3 个,不准使用有接头的钢丝绳。

(3)当使用吊钩时,应有防止钢丝绳滑脱的保险装置(卡子),将吊钩和吊索卡死。

(4)吊篮内作业人员必须系安全带,安全带挂钩应挂在作业人员上方固定的物体上,不准挂在吊篮工作的钢丝绳上,以防钢丝绳断开。

4. 脚手板

(1)脚手板必须满铺,按要求将脚手板与脚手架绑扎牢固。

(2)吊篮脚手架可使用木脚手板或钢脚手板。木脚手板应为 50mm 厚杉木或松木板,不得使用脆性木材,凡是腐朽、扭曲、斜纹、破裂和大横节的不得使用;钢脚手板应有防滑措施。

(3)脚手板搭接时搭接长度不得小于 200mm,不得出现探头板。

5. 防护

(1)吊篮脚手架外侧应设高度 1.2m 以上的两道防护栏杆及 180mm 高的挡脚板,内侧应设置高度不小于 800mm 的防护栏杆。防护栏杆及挡脚板材质要符合要求,安装要牢固。

(2)吊篮脚手架外侧应用密目式安全网整齐封闭。

(3)单片吊篮升降时,两端应加设防护栏杆,并用密目式安全网封闭严密。

6. 防护顶板

(1)当有多层吊篮进行上下立体交叉作业时,不得在同一垂直方向上操作。上下作业的位置,必须处于依上层高度确定的可能坠落范围半径之外。不符合以上条件时,应设置安全防护层,即防护顶板。

(2)防护顶板可用 5mm 厚木板,也可采用其他具有足够强度的材料。防护顶板应绑扎牢固、满铺,能承受坠落物的冲击,不会砸破贯通,能起到防护作用。

7. 架体稳定

(1)为了保证吊篮安全使用,当吊篮脚手架升降到位后,必须将吊篮与建筑物固定牢固;吊篮内侧两端应装有可伸缩的附墙装置,使吊篮在工作时与结构面靠紧,以减少架体的晃动。确认脚手架已固定、不晃动以后方可上人作业。

(2)吊篮钢丝绳应随时与地面保持垂直,不得斜拉。吊篮内侧与建筑物的间距(缝隙)不得过大,一般为 100~200mm。

8. 荷载

(1)吊篮脚手架的设计施工荷载为 $1kN/m^2$,不得超载使用。

(2)脚手架上堆放的物料不得过于集中。

9. 升降操作应注意的内容

(1)操作升降作业属于特种作业,作业人员应经培训,合格后颁发上岗证,持证上岗,且应固定岗位。

(2)升降时不超过 2 人同时作业,其他非升降操作人员不得在吊篮内停留。

(3)单片吊篮升降时,可使用手扳葫芦;两片或多片吊篮连在一起同步升降时,必须采用电动葫芦,并有控制同步升降的装置。

3.2.8 脚手架的拆除要求

(1)脚手架拆除作业前,应根据国家有关规范标准要求制订详细的拆除施工方案和采取安全技术措施。并对参与作业的全体人员进行技术安全交底,在统一指挥下,按照确定的方案进行拆除作业。

(2)脚手架拆除时,应划分作业区,周围设围护或设立警戒标志,地面设专人指挥,禁止非作业人员入内。

(3)一定要按照先上后下、先外后里、先架面材料后构架材料、先辅件后结构件和先结构件后附墙件的顺序,一件一件地松开联结,取出并随即吊下(或集中到毗邻的未拆的架面上,扎捆后吊下)。

(4)拆卸脚手板、杆件、门架及其他较长、较重、有两端联结的部件时,必须要两人或多人一组进行。禁止单人进行拆卸作业,防止把持杆件不稳、失衡而发生事故。拆除水平杆件时,松开联结后,水平托住取下;拆除立杆时,在把稳上端后,再松开下端联结取下。

(5)架子工作业时,必须戴安全帽,系安全带,穿胶鞋或软底鞋。所用材料要堆放平稳,工具应随手放入工具袋,上下传递物件不能抛扔。

(6)多人或多组进行拆卸作业时,应加强指挥,并相互询问和协调作业步骤,严禁不按程序进行的任意拆卸。

(7)因拆除上部或一侧的附墙拉结而使架子不稳时,应加设临时撑拉措施,以防因架子晃动影响作业安全。

(8)严禁将拆卸下的杆部件和材料向地面抛掷。已吊至地面的架设材料应随时运出拆卸区域,保持现场文明。

(9)连墙杆应随拆除进度逐层拆除,拆抛撑前,应设立临时支柱。

(10)拆除时严禁碰撞附近电源线,以防事故发生。

(11)拆下的材料应用绳索拴住,利用滑轮放下,严禁抛扔。

(12)在拆架过程中,不能中途换人;如需要中途换人时,应将拆除情况交接清楚后方可离开。

(13)脚手架距外侧边缘与外电架空线路的边线之间的最小安全操作距离见表 3.3。

表 3.3 最小安全操作间距

外电线路电压	1kV 以下	1~10kV	35~110kV	150~220kV	330~500kV
最小安全操作距离	4	6	8	10	15

(14)拆除的脚手架或配件,应分类堆放并保存,定期进行保养。

思考与练习

1.脚手架搭设高度有哪些规定?

2.脚手架投入使用时应注意哪些技术要求?

3.脚手架拆除应注意哪些方面的问题?

任务3　模板工程施工安全技术

熟悉模板的组成与分类;掌握模板安装、模板拆除的安全技术与要求。

1.能协助组织实施模板施工安全交底工作,能组织安全技术交底活动。

2.能记录和收录安全技术交底活动的有关安全管理档案资料。

3.能协助组织模板工程安全验收及安全拆除活动。

1.养成安全无小事的工作意识。

2.培养热爱本职工作的情感态度。

3.3.1　模板的组成及其分类

模板工程具有工程量大、材料和劳动力消耗多的特点,正确选择模板形式、材料及合理组织施工对加速现浇钢筋混凝土结构施工、保证施工安全和降低工程造价具有重要作用,如图3.10、图3.11所示。

图 3.10　楼板的模板　　　　　　　　图 3.11　柱的模板

3.3.1.1　模板的组成

模板是混凝土成型的模具,混凝土构件类型不同,模板的组成也有所不同,一般是由模板、支撑系统和辅助配件三部分构成。

(1)模板:又叫板面,根据其位置分为底模板(承重模板)和侧模板(非承重模板)两类。

(2)支撑系统:支撑是保证模板稳定及其位置固定的受力杆件,分为竖向支撑(立柱)和斜撑。根据材料不同又分为木支撑、钢管支撑;根据搭设方式分为工具式支撑和非工具式支撑。

(3)辅助配件:是加固模板的工具,主要有柱箍、对拉螺栓、拉条和拉带等。

模板及支撑的基本要求如下：

①要求保证工程结构各部分形状尺寸和相互位置的正确性；

②具有足够的承载能力、刚度和稳定性；

③构造简单，装拆方便，便于施工；

④接缝严密，不得漏浆；

⑤因地制宜，合理选材，用料经济，多次周转。

3.3.1.2 模板的分类

(1)按构件分类：基础模板(独立基础、条形基础)；柱模板(各种形状柱)；梁模板；现浇板模板；现浇梁板模板；圈梁模板；楼梯模板；挑檐、雨篷、阳台模板。

(2)按施工方法分类：

固定式模板(胎模)：土胎模、砖胎模等；

装拆式模板：组合钢模板、模壳、飞模等；

移动式模板：滑模、翻模；

永久式模板：水泥砂浆钢板网模板、钢筋混凝土模板等。

(3)按材料不同分类：木模板、钢木模板、钢模板(组合钢模板)、竹胶板、胶合板及其组合模板、塑料模板、玻璃钢模板、土胎模、水泥砂浆钢板网模板和钢筋混凝土模板等。

3.3.2 模板安装的安全技术与要求

3.3.2.1 模板工程施工方案的编制

(1)各类工具式模板工程，包括滑模、爬模、大模板等水平混凝土构件模板支撑系统及特殊结构模板工程，施工前必须编制安全专项施工方案(以下简称方案)；对于水平混凝土构件模板支撑系统高度超过 8m，或跨度超过 18m，或施工总荷载大于 $10kN/m^2$，或集中线荷载大于 $15kN/m$ 的模板支撑系统，建筑施工企业应当组织专家组进行论证审查。

(2)施工单位编制的方案应经编制、审核、审批程序，符合《危险性较大工程安全专项施工方案编制及专家论证审查办法》等相关规定，方可组织实施。

(3)根据《危险性较大工程安全专项施工方案编制及专家论证审查办法》规定，必须经专家论证审查的方案，施工单位应当组织专家组进行论证审查。

(4)方案应当根据《建筑施工扣件式钢管脚手架安全技术规范》(JGJ 130—2011)或《建筑施工门式钢管脚手架安全技术标准》(JGJ/T 128—2019)的要求编写设计计算书，内容应包括：施工荷载(包含动力荷载)、支架系统、模板系统、支承地面或楼面承载力计算，以确保支架体系强度、刚度、稳定性、抗倾覆能力满足标准和规范的要求。

(5)方案应当按照施工图纸内容进行编制，并应当绘制高大模板支撑系统的平面图、立面图和剖面图及节点大样图。同时，还应编写方案实施说明书，方案应具有可操作性。

(6)方案应当具有针对性，根据工程结构、施工方法、选用的各类机械设备、施工场地及周围环境等特点编制安全技术措施。高大模板支撑系统的构造，应当符合《建筑施工扣件式钢管脚手架安全技术规范》(JGJ 130—2011)或《建筑施工门式钢管脚手架安全技术标准》(JGJ/T 128—2019)的要求。

(7)方案应当有应急救援预案，即对可能发生的事故采取的应急措施。

(8)方案编制完成后，施工企业的工程技术与安全管理部门应对方案进行审核。

(9)对于应经专家论证的高大模板工程,施工单位应当组织不少于 5 人的专家组对方案进行论证,监理单位应派注册专业监理工程师参加方案论证,专家组成员不得与该工程的施工单位、监理单位有利害关系。

(10)施工单位应根据专家组论证意见,对方案进行修改和完善,由企业技术负责人审批,项目总监理工程师应根据专家论证意见以及《建筑施工扣件式钢管脚手架安全技术规范》(JGJ 130—2011)或《建筑施工门式钢管脚手架安全技术标准》(JGJ/T 128—2019)等有关技术规范进行审查。

3.3.2.2　模板安装的安全要求

(1)搭设人员必须是按现行国家标准《特种作业人员安全技术考核管理规定》(QJ 1423—1988)考核合格的专业架子工。上岗人员应定期体检,合格者方可持证上岗。

(2)搭设人员必须戴安全帽,系安全带,穿防滑鞋。

(3)2m 以上高处支模或拆模要搭设脚手架,满铺架板以使操作人员有可靠的立足点,并应按高处作业、悬空作业和临边作业的要求采取防护措施。不准站在拉杆、支撑杆上操作,也不准在梁底模上行走操作。

(4)脚手架的构配件质量与搭设质量,应按安全技术规范规定进行检查验收,合格后方准许使用。

(5)作业层上的施工荷载应符合设计要求,不得超载。不得将模板支架、缆风绳、泵送混凝土和砂浆的输送管等固定在脚手架上,严禁悬挂起重设备。

(6)当有 6 级或 6 级以上大风、雾、雨、雪天气时,应停止脚手架的搭设与拆除作业。雪后架上作业应有防滑措施,并扫除积雪。

(7)脚手架的安全检查与维护,应按安全技术规范进行。安全网应按规定搭设和拆除。

(8)在脚手架使用期间,严禁拆除主节点处纵横水平杆、连墙件、交叉支撑、水平架、加固栏杆和栏杆。

(9)不得在脚手架基础及邻近处进行挖掘作业,否则应采取安全措施,并报主管部门批准。

(10)临街搭设脚手架时,外侧应有防止坠物伤人的防护措施。

(11)在脚手架上进行电、气焊作业时,必须有防火措施和专人看守。

(12)工地临时用电线路的架设及脚手架接地、避雷措施等,应按现行行业标准《施工现场临时用电安全技术规范》(JGJ 46—2005)的有关规定执行。

(13)搭拆脚手架时,地面应设围栏和警戒标志,并派专人看守,严禁非操作人员入内。

(14)楼层高度超过 4m 或 2 层及 2 层以上的建筑物,安装和拆除模板时,周围应设安全网或搭设脚手架和加设防护栏杆。在临街及交通要道地区,还应设警示牌,并有专人维持安全,防止伤及行人。

(15)现浇多层房屋和构筑物,应采取分层分段支模方法,并应符合下列要求:

①下层楼板混凝土强度达到 1.2MPa 以后,才能上料具。料具要分散堆放,不得过分集中。

②下层楼板结构的强度达到能承受上层模板、支撑系统和新浇筑混凝土的重量时,方可进行上层模板支撑、浇筑混凝土。否则下层楼板结构的支撑系统不能拆除,同时上层支架的立柱应对准下层支架的立柱,并铺设木垫板。

(16)大模板立放易倾倒,应采取支撑、围系、绑箍等防倾倒措施,视具体情况而定。长期存放的大模板,应用拉杆连接绑牢。存放在楼层上时,须在大模板横梁上挂钢丝绳或用花篮螺栓钩在楼板吊钩或墙体钢筋上。没有支撑或自稳角不足的大模板,要存放在专门的堆放架上或卧倒平放,不应靠在其他模板或构件上。

(17)各工种进行上下立体交叉作业时,不得在同一垂直方向上操作。下层作业的位置,必须处于上层高度确定的可能坠落范围半径外。不符合以上条件时,应设置安全防护隔离层。

(18)支设悬挑形式的模板时,应有稳定的立足点。支设临空构筑物模板时,应搭设支架。模板上有预留洞时,应在安装后将洞盖住。

(19)操作人员上下通行时,不许攀登模板或脚手架,不许在墙顶、独立梁及其他狭窄而无防护栏的模板面上行走。

(20)模板支撑不能固定在脚手架或门窗上,避免倒塌或模板发生位移。

(21)冬季施工,应事先清除操作地点和人行通道的冰雪;雨季施工,对高耸结构的模板作业应安装避雷设施。

(22)模板安装时,应先内后外,单面模板就位后,用工具将其支撑牢固。双面板就位后,用拉杆和螺栓固定,未就位和未固定前不得摘钩。图 3.12 所示为某施工现场大模板支撑时发生倾覆事件。

某施工现场因大模板支撑时发生倾覆,导致 3 名工人高处坠落,造成重伤。

图 3.12　某施工事故现场

(23)里外角模和临时悬挂的面板与大模板必须连接牢固,防止脱开和断裂坠落。

(24)在架空输电线路下面安装和拆除组合钢模板时,吊机起重臂、吊物、钢丝绳、外脚手架和操作人员等与架空线路的最小安全距离应符合有关规范的要求。当不能满足最小安全距离要求时,要停电作业;不能停电时,应有隔离防护措施。

3.3.2.3　模板安装技术要求

(1)模板安装前必须做好下列安全技术准备工作:

①应审查模板的结构设计与施工说明书中的荷载、计算方法、节点构造和安全措施,设计审批手续应齐全。

②应进行全面的安全技术交底,操作班组应熟悉设计与施工说明书,并应做好模板安装作业的分工准备。采用爬模、飞模、隧道模等特殊模板施工时,所有参与作业的人员必须经过专门技术培训,考核合格后方可上岗。

③应对模板和配件进行挑选、检测,不合格的应剔除,并应运至工地指定地点堆放。

④备齐操作所需的一切安全防护设施和器具。

(2)模板构造与安装应符合下列规定:

①模板应按设计与施工说明书顺序拼装。木杆、钢管、门架等支架立柱不得混搭。

②竖向模板和支架立柱支承部分安装在基土上时,应加设垫板,垫板应有足够强度和支承面积,且应中心承载。基土应坚实,并应有排水措施。对湿陷性黄土应有防水措施;对特别重要的结构工程,可采用混凝土、打桩等措施防止支架柱下沉;对冻胀性土应有防冻融措施。

③当满堂或共享空间模板支架立柱高度超过 8m 时,若地基土达不到承载要求,无法防止立柱下沉,则地面下的工程应先施工,再分层回填夯实基土,浇筑地面混凝土垫层,达到强度后方可支模。

④模板及其支架在安装过程中,必须设置有效防倾覆的临时固定设施。

⑤现浇钢筋混凝土梁、板,当跨度大于 4m 时,模板应起拱;当设计无具体要求时,起拱高度宜为全长的 $1/1000 \sim 3/1000$。

(3)现浇多层或高层房屋和构筑物,安装上层模板及其支架应符合下列规定:

①下层楼板应具有承受上层施工荷载的能力,否则应加设支撑支架。

②上层支架立柱应对准下层支架立柱,并应在立柱底铺设垫板。

③当采用悬臂吊模板、桁架支模方法时,其支撑结构的承载能力和刚度必须符合设计构造要求。

(4)当层间高度大于 5m 时,应选用桁架支模或钢管立柱支模。当层间高度小于或等于 5m 时,可采用木立柱支模。

(5)拼装高度在 2m 以上的竖向模板,不得站在下层模板上拼装上层模板。安装过程应设置临时固定设施。

(6)支撑梁、板的支架立柱构造与安装应符合下列规定:

①梁和板的立柱,其纵横向间距应相等或成倍数。

②木立柱底部应设垫木,顶部应设支撑头。钢管立杆底部应设垫木和底座,顶部应设可调支托,U 形支托与楞梁两侧间如有间隙,必须顶紧,其螺杆伸出钢管顶部不得大于 200mm,螺杆外径与立柱钢管内径的间隙不得大于 3mm,安装时应保证上下同心。

③在立柱底距地面 200mm 高处,沿纵横水平方向按纵下横上的顺序设扫地杆。可调支托底部的立柱顶端应沿纵横向设置一道水平拉杆。扫地杆与顶部水平拉杆之间的间距,在满足模板设计所确定的水平拉杆步距要求条件下,进行平均分配确定步距后,在每一步距处纵横向应各设一道水平拉杆。当层高在 8～20m 时,在最顶步距两水平拉杆中间应加设一道水平拉杆;当层高大于 20m 时,在最顶两步距水平拉杆中间应分别增加一道水平拉杆。所有水平拉杆的端部均应与四周建筑物顶紧顶牢。无处可顶时,应在水平拉杆端部和中部沿竖向设置连续式剪刀撑。

④木立柱的扫地杆、水平拉杆、剪刀撑应采用 40mm×50mm 木条或 25mm×80mm 的木板条与木立柱钉牢。钢管立柱的扫地杆、水平拉杆、剪刀撑应采用 ϕ48mm×3.5mm 钢管,用扣件与钢管立柱扣牢。钢管扫地杆、水平拉杆应采用对接连接,剪刀撑应采用搭接连接,搭接长度不得小于 500mm,并应采用 2 个旋转扣件分别在离杆端不小于 100mm 处进行固定。

(7)工具式立柱支撑的构造与安装应符合下列规定:

①工具式钢管单立柱支撑的间距应符合支撑设计的规定。

②立柱不得接长使用。

③所有夹具、螺栓、销子和其他配件应处于闭合或拧紧的状态。

④立杆及水平拉杆构造应符合有关规定。

(8)木立柱支撑的构造与安装应符合下列规定:

①木立柱宜选用整料,当不能满足要求时,立柱的接头不宜超过 1 个,并应采取对接夹板接头方式。立柱底部可采用垫块垫高,但不得采用单码砖垫高,垫高高度不得超过 300mm。

②木立柱底部与垫木之间应设置硬木对角楔调整标高,并用铁钉将其固定在垫木上。

③木立柱间距及扫地杆、水平拉杆、剪刀撑的设置应符合规范规定,严禁使用板皮替代规定的拉杆。

④所有单立柱支撑应在底部垫木和梁底模板的中心,并与底部垫木和顶部梁底模板紧密接触,且不得承受偏心荷载。

⑤当仅为单排立柱时,应在单排立柱的两边每隔 3m 加设斜支撑,且每边不得少于 2 根,斜支撑与地面的夹角应为 60°。

(9)当采用扣件式钢管做立柱支撑时,其构造与安装应符合下列规定:

①钢管规格、间距、扣件应符合设计要求。每根立柱底部应设置底座及垫板,垫板厚度不得小于 50mm。

②钢管支架立柱间距及扫地杆、水平拉杆、剪刀撑的设置应符合规范的规定。当立柱底部不在同一高度时,高处的纵向扫地杆应向低处延长不少于 2 跨,高低差不得大于 1m,立杆距边坡上方边缘不得小于 0.5m。

③立柱接长严禁搭接,必须采用对接扣件连接,相邻两立柱的对接接头不得在同步内,且对接接头沿竖向错开的距离不宜小于 500mm,各接头中心距主节点不宜大于步距的 1/3。

④严禁将上段的钢管立柱与下段钢管立柱错开固定在水平拉杆上。

⑤满堂模板和共享空间模板支架立柱,在外侧周围应设由下至上的竖向连续式剪刀撑;中间在纵横向应每隔 10m 左右设由下至上的连续式剪刀撑。剪刀撑杆件的底端应与地面顶紧,夹角宜为 45°~60°。当建筑层高在 8~20m 时,除应满足上述规定外,还应在纵横向相邻的两竖向连续式剪刀撑之间增加"之"字形斜撑,在有水平剪刀撑的部位,应在每个剪刀撑中间处增加一道水平剪刀撑。当建筑层高超过 20m 时,在满足以上规定的基础上,应将所有"之"字形斜撑全部改为连续式剪刀撑。

⑥当支架立柱高度超过 5m 时,应在立柱周围外侧和中间有结构柱的部位,按水平间距 6~9m、竖向间距 2~3m 与建筑结构设置一个固结点。

(10)模板支架立柱、普通模板和其他模板的构造与安装均应符合《建筑施工模板安全技术规范》(JGJ 162—2008)的规定等,以避免发生事故。

3.3.3　模板拆除的安全技术与要求

(1)模板拆除应编制拆除方案或采取安全技术措施,并应经技术主管部门或负责人批准。

(2)模板拆除前要进行安全技术交底,确保施工过程的安全。

(3)现浇结构的模板及其支架拆除时,混凝土强度应符合设计要求;当设计无具体要求时,应符合规范规定,现浇结构拆模时所需混凝土强度见表3.4。冬季混凝土施工的拆模,应符合专门规定。

表3.4　现浇结构拆模时所需混凝土强度

项次	构造类型	结构跨度(m)	按达到设计混凝土强度标准值的百分率计(%)
1	板	≤2	50
		>2且≤8	75
2	梁、拱、壳	≤8	75
		>8	100
3	悬臂构件	≤2	75
		>2	100

(4)当混凝土未达到规定的强度或已达到设计给定的强度,需要提前拆模或承受部分超过设计的荷载时,必须经过计算和技术主管确认其强度能够承受此荷载后,方可拆除。

(5)在承重焊接钢筋骨架做配筋的结构中,承受混凝土重量的模板,应在混凝土强度达到设计强度的25%后方可拆除承重模板。当在已拆除模板的结构上加设荷载时,应另行计算。

(6)大体积混凝土的拆模时间除应满足强度要求外,还应使混凝土内外温差降低到25℃以下时方可拆除。否则应采取有效措施防止混凝土产生温度裂缝。

(7)后张预应力混凝土结构或构件模板的拆除,侧模应在预应力张拉前拆除,其混凝土强度达到侧模拆除条件即可,进行预应力张拉必须待混凝土强度达到设计规定值方可进行,底模必须在预应力张拉完毕后方能拆除。

(8)拆模前应检查确保所使用的工具有效和可靠,扳手等工具必须装入工人工具袋或系挂在身上,并应检查拆除场所范围内的安全设施。

(9)模板的拆除工作应设专人指挥。作业区应设围栏,其内不得有其他作业,并应设专人负责监护。拆下的模板、零配件严禁抛掷。

(10)多人同时进行操作时,应明确分工、统一信号或行动,应有足够的工作面,操作人员应站在安全处。

(11)高处拆除模板时,应符合有关高处作业的规定。拆除作业时,严禁使用大锤和撬棍,操作层上临时拆下的模板堆放不能超过3层。

(12)拆除模板应按方案规定的程序进行,先支的后拆,先拆非承重部分。拆除大跨度梁支撑柱时,先从跨中开始向两端对称进行。

(13)现浇梁柱侧模的拆除,要求拆模时要确保梁、柱边角的完整。

(14)在提前拆除互相搭连并涉及其他后拆模板的支撑时,应补设临时支撑。拆模时,应逐块拆卸,不得成片撬落或拉倒。

(15)模板及其支撑系统拆除时,应一次全部拆完,不得留有悬空模板,避免坠落伤人。

(16)大模板拆除前,要用起重机垂直吊牢,然后再进行拆除。

(17)拆除薄壳模板时,应从结构中心向四周均匀放松,向周边对称进行。

(18)当立柱水平拉杆超过 2 层时,应先拆 2 层以上的水平拉杆,最下一道水平拉杆与立柱模同时拆,以确保柱模稳定。

(19)模板、支撑要随拆随运,严禁随意抛掷,拆除后分类码放。

(20)在混凝土墙体、平板上有预留洞时,应在模板拆除后,随即在墙洞上做好安全护栏,或将板的洞盖严。

(21)严禁站在悬臂结构上面敲拆底模。严禁在同一垂直平面上操作。

(22)木模板堆放、安装场地附近严禁烟火,须在附近进行电、气焊时,应有可靠的防火措施。

(23)模板及其支架立柱等的拆除顺序与要求应符合《建筑施工模板安全技术规范》(JGJ 162—2008)的有关规定。

思考与练习

1.试述模板安装的安全技术与要求。

2.试述模板拆除的安全技术方案与要求。

任务 4　拆除工程安全技术

1.了解拆除工程安全技术管理措施。

2.熟悉拆除作业安全施工管理的相关要求。

3.了解拆除工程安全控制措施。

能结合工程实际执行拆除工程施工组织设计及相关安全措施方案。

1.养成严格按照施工组织、方案执行的工作意识。

2.培养防患于未然的安全责任感。

爆破与拆除施工组织设计或安全专项施工方案是指导爆破与拆除工程施工准备和施工全过程的技术文件,施工单位应根据《危险性较大工程安全专项施工方案编制及专家论证审查办法》及《建筑拆除工程安全技术规范》(JGJ 147—2016)的规定,编制拆除工程施工组织设计或安全专项施工方案,并按规定履行审批手续。编制施工组织设计要从实际出发,在确保人身和财产安全的前提下,选择经济合理且扰民小的拆除方案,进行科学的组织,以实现安全、经济、进度快、扰民小的目标。

3.4.1　拆除工程安全技术管理

(1)拆除工程开工前,施工单位应全面了解拆除工程的图纸和资料并进行现场勘查,根据工程特点、构造情况和工程量等按《危险性较大工程安全专项施工方案编制及专家论证审查办法》及《建筑拆除工程安全技术规范》(JGJ 147—2016)的规定,编制拆除工程施工组织设计或安全专项施工方案,并按规定履行审批手续。

(2)拆除工程必须由具备爆破或拆除专业承包资质的单位施工,严禁将工程转包。

(3)拆除工程施工区域应设置硬质封闭围挡及醒目警示标志,围挡高度不应低于1.8m,非施工人员不得进入施工区域。当临街的被拆除建筑与交通道路的安全距离不能满足要求时,必须采取必要的隔离措施。

(4)在拆除作业前,施工单位应检查建筑物内各类管线的情况,确认全部切断后方可施工。

(5)施工单位应为从事拆除作业的人员办理相关手续、签订劳动合同、进行安全培训,考试合格后方可上岗作业。施工单位应为从事拆除工程的从业人员办理意外伤害保险。

(6)拆除工程的施工,应在项目负责人的统一指挥和监督下进行。项目负责人根据施工组织设计和安全技术规程向参加拆除的施工人员进行详细的安全技术交底。

(7)拆除工程必须制订安全事故应急救援预案。

(8)拆除时严禁施工,严禁立体交叉作业;在恶劣的气候条件下,严禁进行拆除作业。

(9)根据拆除工程施工现场作业环境,应制订相应的消防安全和环境保护措施。

(10)拆除工程必须建立安全技术档案,并应包括下列内容:

①拆除工程施工合同及安全管理协议书;

②拆除工程安全施工组织设计或安全专项施工方案;

③安全技术交底;

④脚手架及安全防护设施检查验收记录;

⑤劳务用工合同及安全管理协议书;

⑥机械租赁合同及安全管理协议书。

3.4.2　拆除作业安全施工管理

(1)拆除工程开工前,应组织技术人员和工人学习安全操作规程和拆除工程施工组织设计。

(2)进行人工拆除作业时,工人应该站在专门搭设的脚手架上或者其他稳固的结构构件上操作。楼板上严禁人员聚集或堆放材料,被拆除的构件应有安全的放置场所。

(3)人工拆除施工应从上至下、逐层分段进行,禁止数层同时拆除,不得垂直交叉作业。当拆除某一部分的时候应防止其他部分倒塌。作业面的孔洞应封闭。

(4)拆除过程中,现场照明不得使用被拆除建筑物中的配电线,应另外设置配电线路。

(5)拆除建筑的栏杆、楼梯、楼板等构件,应与建筑结构整体拆除进度相配合,不得先行拆除。建筑的承重梁、柱,应在其所承载的全部构件拆除后,再进行拆除。

(6)在高处进行拆除作业时,应设置溜放槽,以使散碎废料顺槽溜下;拆下较大的沉重材料,应用吊绳或者起重机械及时吊下运走,禁止向下抛扔,拆卸下来的各种材料要及时清理。

(7)拆除易踩碎的石棉瓦等轻型结构屋面时,严禁施工人员直接踩踏,应加盖垫板作业,防止高空坠落。

(8)拆除梁或悬挑构件时,应采取有效的下落控制措施,方可切断两端的支撑。

(9)拆除柱子时,应沿柱子底部剔凿出钢筋,使用手动倒链定向牵引,再采用气焊切割柱子三面钢筋,保留牵引方向正面的钢筋。

(10)拆除管道及容器时,必须在查清残留物的性质,并采取相应措施确保安全后,方可进行拆除施工。

(11)当采用机械拆除建筑时,应从上至下、逐层分段进行;应先拆除非承重结构,再拆除承重结构。拆除框架结构建筑,必须按楼板、次梁、主梁、柱子的顺序进行。对只进行部分拆除的建筑,必须先将保留部分加固,再进行分离拆除。

(12)施工中必须由专人负责监测被拆除建筑的结构状态,并做好记录。当发现有不稳定状态的趋势时,必须停止作业,采取有效措施,消除隐患。

(13)采用机械拆除时,应按照施工组织设计选定的机械设备及吊装方案进行施工,严禁超载作业或任意扩大使用范围。供机械设备使用的场地必须保证具有足够的承载力。作业中机械不得同时回转、行走。

(14)进行高处拆除作业时,对较大尺寸的构件或沉重的材料,必须采用起重机具及时吊下。拆卸下来的各种资料应及时清理,分类堆放在指定场所,严禁向下抛掷。

(15)采用双机抬吊作业时,每台起重机械的荷载不得超过允许荷载的 80%,且应对第一吊进行试吊作业,施工中必须保持 2 台起重机同步作业。

(16)拆除吊装作业的起重机司机和信号工,必须严格执行操作规程和《起重机　手势信号》(GB/T 5082—2019/ISO 16715:2014)。

(17)从事爆破拆除工程的施工单位,必须持有工程所在地法定部门核发的爆破物品使用合格证,承担相应等级的爆破拆除工程。爆破拆除设计人员应具有承担爆破拆除作业范围和相应级别的爆破工程技术人员作业证。从事爆破拆除施工的作业人员应持证上岗。

(18)爆破器材必须向工程所在地法定部门申请爆破物品购买许可证,到指定的供应点购买。爆破器材严禁赠送、转让、转卖、转借。

(19)采用控制爆破拆除工程时,应执行下列规定:

①严格遵守《土方及爆破工程施工及验收规范》有关拆除爆破的规定。

②在人口密集、交通要道等地区爆破建筑物,应采取电力或导爆索起爆,不得采用火花起爆。当分段起爆时,应采用毫秒雷管起爆。

③爆破各道工序应认真操作、检查与处理,杜绝一切不安全事故发生。爆破应设临时指挥机构,便于分别负责爆破施工与起爆等安全工作。

④用爆破方法拆除建筑物部分结构的时候,应保证其他结构部分的良好状态。爆破后,如发现保留的结构部分有危险征兆,应采取安全措施后再施工。

(20)凡是采用爆破方法拆除的项目,施工前必须到公安机关民爆管理机构申请许可手续,批准后方可施工。这是保证安全的政府监督措施。

(21)采用具有腐蚀性的静力破碎剂作业时,灌浆人员必须戴防护手套和防护眼镜。孔内注入破碎剂后,作业人员应保持安全距离,严禁在注孔区域行走。

(22)静力破碎剂严禁与其他材料混放。

(23)在相邻的两孔之间,严禁钻孔与注入破碎剂同步进行施工。

思考与练习

1.拆除工程施工组织设计编制的内容应包括哪些?

2.简述爆破与拆除作业安全措施。

任务5　高处作业与安全防护

1.熟悉临边及洞口作业的防护及高处作业的安全防护。

2.掌握相关职业卫生防护措施。

1.能执行高处作业安全技术防护方案及相关职业卫生防护预案。

2.能正确佩戴和使用安全帽、安全带,正确安装安全网,做好"四口"、"五临边"的防护。

1.具有安全防护、安全作业的工作意识。

2.培养规范操作的工作态度。

3.5.1　高处作业安全技术措施

3.5.1.1　高处作业的概念

按照《高处作业分级》(GB 3608—2008)及《建筑施工高处作业安全技术规范》(JGJ 80—2016)的规定:"凡在坠落高度基准面2m以上(含2m)有可能坠落的高处进行的作业称为高处作业。"其含义有两个:一是相对概念,可能坠落的底面高度大于或等于2m,也就是不论在单层、多层或高层建筑中作业,即使是在平地,只要作业处的侧面有可能导致人员坠落的坑、井、洞或空间,其高度达到2m及其以上,就属于高处作业;二是高低差距标准定为2m,因为一般情况下,当人在2m以上的高度坠落时,就很可能会造成重伤、残废甚至死亡。据统计,在建筑工程的职业伤害中,与高处坠落相关的伤亡人数占职业伤害约为39%,因此,高处作业须按规定进行安全防护。

3.5.1.2　高处作业安全防护技术

(1)高处作业的安全技术措施及其所需料具,必须列入工程的施工组织设计。

(2)单位工程施工负责人应对工程的高处作业安全技术负责并建立相应的责任制。

(3)施工单位应按高处作业类别,有针对性地将各类安全警示标志悬挂于施工现场各相应部位,夜间应设红灯示警。

（4）凡从事高处作业的人员均应接受高处作业安全知识的教育；特殊高处作业人员应持证上岗，上岗前应依据有关规定进行专门的安全技术交底，并必须定期进行体格检查。采用新工艺、新技术、新材料和新设备的，应按规定对作业人员进行相关安全技术教育。

（5）高处作业中的安全标志、工具、仪表、电气设施及悬空作业所用的索具、脚手板、吊篮、吊笼、平台等设备，均需经过技术鉴定或检证合格后方可使用。

（6）如图 3.13 所示，悬空作业处应有牢靠的立足处，凡是进行高处作业施工的，应使用脚手架、平台、梯子、防护围栏、挡脚板、安全带和安全网等安全设施。

（7）施工单位应为作业人员提供合格的安全帽、安全带等必备的个人安全防护用具，作业人员应按规定正确佩戴和使用。

（8）施工中对高处作业的安全技术设施必须定期和不定期进行检查，发现有缺陷和隐患时，必须及时解决；危及人身安全时，必须停止作业。

暴风雪及台风、暴雨后，应对高处作业安全设施逐一加以检查，发现有松动、变形、损坏或脱落等现象，应立即修理完善。图 3.13、图 3.14 所示为高处作业。

图 3.13　施工现场

图 3.14　施工现场高处作业

（9）对进行高处作业的高耸建筑物，应事先设置避雷设施。遇有 6 级以上强风、浓雾等恶劣气候，不得进行露天攀登与悬空高处作业。

（10）施工作业场所有可能坠落的物件，应一律先行撤除或加以固定。

（11）雨天和雪天进行高处作业时，必须采取可靠的防滑、防寒和防冻措施。凡水、冰、霜、雪均应及时清除。

（12）因作业必需，临时拆除或变动安全防护设施时，必须经施工负责人同意，并采取相应的可靠措施，作业后应立即恢复。

（13）高处作业安全设施的主要受力杆件，其力学计算按一般结构力学公式进行，强度及挠度计算按现行有关规范进行，但钢受弯构件的强度计算不考虑塑性影响，构造上应符合现行的相应规范的要求。

（14）高处作业前，工程项目部应组织有关部门对安全防护设施进行验收，并做验收记录，经验收合格签字后方可作业。

（15）攀登与悬空作业的安全防护必须符合《建筑施工高处作业安全技术规范》（JGJ 80—

2016)的规定。

3.5.2　临边作业安全防护

3.5.2.1　临边作业的概念

在建筑工程施工中,当作业工作面等的边缘没有维护设施或维护设施的高度低于80cm时,这类作业称为临边作业,如图3.15、图3.16所示。在施工过程中,临边与洞口处是极易发生坠落事故的场合,在施工现场,这些地方不得缺少安全防护设施。

图 3.15　基坑临边防护 1　　　　　　　图 3.16　基坑临边防护 2

3.5.2.2　防护栏杆的设置场合

(1)基坑周边,尚未安装栏杆或栏板的阳台、料台与挑平台周边,雨篷与挑檐边,无外脚手板的屋面与楼层周边及水箱与水塔周边等处,都必须设置防护栏杆。

(2)头层墙高度超过3.2m的两层楼面周边,以及无外脚手板的高度超过3.2m的楼层周边,必须在外围架设安全平网一道。

(3)分层施工的楼梯口和梯段边,必须安装临时护栏。顶层楼梯口应随工程结构进度安装正式防护栏杆。

(4)井架与施工用电梯和脚手架等以及建筑物通道的两侧边,必须设防护栏杆。地面通道上部应装设安全防护棚。双笼井架通道中间,应予以分隔封闭。

(5)各种垂直运输接料平台,除两侧设防护栏杆外,平台口还应设置安全门或活动防护栏杆。

3.5.2.3　防护栏杆的措施要求

临边防护用的栏杆由栏杆立柱和上下两道横杆组成,上横杆称为扶手。栏杆的材料应按规范标准的要求选择,选材时除需满足力学条件外,其规格尺寸和联结方式还应符合构造上的要求,应紧固而不松动,能够承受突然冲击,阻挡人员在可能状态下的下跌和防止物料的坠落,还要有一定的耐久性。

搭设临边防护栏杆时,上杆离地高度为1.0~1.2m,下杆离地高度为0.5~0.6m,坡度大于1:2.2的屋面,防护栏杆应高于1.5m,并加挂安全立网;除经设计计算外,横杆长度大于2m时,必须加设栏杆立柱;防护栏杆的横杆不应有悬臂,以免坠落时横杆头撞击伤人;栏杆的下部必须加设挡脚板;栏杆柱的固定及其与横杆的连接,其整体构造应使防护栏杆在上杆任何部位,都能经受任何方向的1000N外力。当栏杆所处位置有发生人群拥挤、车辆冲击或物件碰撞等的可能时,应加大横杆截面或加密柱距。

栏杆柱的固定应符合下列要求：

(1)当在基坑四周固定时,可采用钢管并打入地面 50～70cm 深。钢管离边口的距离不应小于 50cm。当基坑周边采用板桩时,钢管可打在板桩外侧。

(2)当在混凝土楼面、屋面或墙面固定时,可用预埋件与钢管或钢筋焊牢。采用竹、木栏杆时,可在预埋件上焊接 30cm 长的 ∟50×5 角钢,其上下各钻一孔,然后用 10mm 螺栓与竹、木杆件拴牢。

(3)当在砖或砌块等砌体上固定时,可预先砌入规格相适应的 −80×6 弯转扁钢做预埋件的混凝土块,然后用上述方法固定。

防护栏杆必须自上而下用安全立网封闭,或在栏杆下边设置严密固定的高度不低于 18cm 的挡脚板或 40cm 的挡脚笆。挡脚板与挡脚笆上如有孔眼,不应大于 25mm。板与笆下边距离底面的空隙不应大于 10mm。接料平台两侧的栏杆,必须自上而下加挂安全立网或满扎竹笆。

当临边的外侧面临街道时,除防护栏杆外,敞口立面必须采取满挂安全立网或其他可靠措施做全封闭处理。

3.5.3　洞口作业安全防护

3.5.3.1　洞口作业的概念

施工现场,在建工程往往存在各式各样的洞口,在洞口旁的作业称为洞口作业。在水平方向的楼面、屋面、平台等上面短边尺寸小于 25cm(大于 2.5cm)的称为孔,短边尺寸不小于 25cm 的称为洞。在垂直于楼面、地面的垂直面上,高度小于 75cm 的称为孔,高度不小于 75cm 且宽度大于 45cm 的均称为洞。凡在深度为 2m 及 2m 以上的桩孔、人孔、沟槽与管道等孔洞边沿上的高处作业都属于洞口作业范围。进行洞口作业以及因工程和工序需要而在使人与物体有坠落危险的其他洞口进行高处作业时,必须设置防护设施。

3.5.3.2　洞口防护设施设置场合

(1)各种板与墙的洞口,按其大小和性质分别设置牢固的盖板、防护栏杆、安全网或其他防坠落的防护设施。

(2)如图 3.17 所示,电梯井口应根据具体情况设置高度不低于 1.2m 的防护栏杆或固定栅门与工具式栅门,电梯井内首层和首层以上每隔四层设一道安全平网(安全平网上的建筑垃圾应及时清除),也可以按当地习惯,在井口设固定的格栅或采取砌筑坚实的矮墙等措施。

图 3.17　电梯井口防护

（3）钢管桩、钻孔桩等桩孔口，柱基、条基等上口，未填土的坑、槽口，以及天窗和化粪池等处，都应作为洞口，故要采取符合规范的防护措施。

（4）施工现场与场地通道附近的各类洞口与深度在 2m 以上的敞口等处，除设置防护设施与安全标志外，夜间还应设红灯示警。

（5）物料提升机上料口应装设有连锁装置的安全门，同时采用断绳保护装置或安全停靠装置；通道口走道板应平行于建筑物满铺并固定牢靠，两侧边应设置符合要求的防护栏杆和挡脚板，并用密目式安全网封闭两侧。

（6）墙面等处的竖向洞口，凡落地的洞口应设置防护门或防护栏杆，下设挡脚板。低于80cm 的竖向洞口，应加设 1.2m 高的临时防护栏杆。

3.5.3.3　洞口安全防护措施要求

洞口作业时，根据具体情况采取设置防护栏杆、加盖件、张挂安全网与装栅门等措施。

（1）楼板面的洞口，可用竹、木等做盖板，盖住洞口。盖板须能保持四周搁置均衡，并有固定其位置的措施。

（2）短边尺寸小于 25cm（大于 2.5cm）的孔，应设坚实盖板并能防止其挪动移位。

（3）25cm×25cm 至 50cm×50cm 的洞口，应设置固定盖板，保持四周搁置均衡，并有固定其位置的措施。

（4）短边边长为 50～150cm 的洞口，必须设置以扣件扣接钢管而形成的网络，并在其上满铺竹笆或脚手板。也可采用贯穿于混凝土板内的钢筋构成防护网，钢筋网络间距不得大于 20cm。

（5）1.5m×1.5m 以上的洞口，四周必须搭设围护架，并设双道防护栏杆，洞口中间支挂水平安全网，网的四周拴挂牢固、严密。

（6）墙面等处的竖向洞口，凡落地的洞口应加装开关式、工具式或固定式的防护门，门栅网络的间距不应大于 15cm，也可采用防护栏杆，下设挡脚板（笆）。

（7）下边沿至楼板或底面低于 80cm 的窗台等竖向的洞口，如侧边落差大于 2m，应加设1.2m 高的临时防护栏杆。

（8）垃圾井道和烟道，应随楼层的砌筑或安装而消除洞口，或参照预留洞口采取防护措施。管道井施工时，除按上款处理外，还应加设明显的标志。如有临时性拆移，需经施工负责人核准，工作完毕后必须恢复防护设施。

（9）位于车辆行驶道旁的洞口、深沟与管道坑、槽，所加盖板应能承受不小于当地额定卡车后轮有效承载力 2 倍的荷载。

（10）下边沿至楼板或底面低于 80cm 的窗台等竖向洞口，如侧边落差大于 2m 时，应加设1.2m 高的临时防护栏杆。

（11）对邻近的人与物有坠落危险性的其他竖向孔、洞口，均应予以盖没或加以防护，并有固定其位置的措施。

（12）洞口应按规定设置照明装置的安全标识。

（13）洞口防护栏杆的杆件及其搭设、防护栏杆的力学计算和防护设施的构造形式应符合《建筑施工高处作业安全技术规范》（JGJ 80—2016）的规定。

3.5.4　安全帽、安全带、安全网

建筑施工现场是高危险的作业场所,由于建筑行业的特殊性,高处作业中发生的高处坠落、物体打击事故的比例最大。许多事故案例都说明,由于正确佩戴了安全帽、系好了安全带或按规定架设了安全网,从而避免了伤亡事故,所以要求进入施工现场的人员必须戴安全帽,登高作业必须系安全带,安全防护必须按规定架设安全网。事实证明,图 3.18、图 3.19 所示安全帽、安全带、安全网是减少和防止高处坠落和物体打击这类事故发生的重要措施。建筑工人称安全帽、安全带、安全网为救命"三宝"。目前,这三种防护用品都有产品标准,在使用时,应选择符合建筑施工要求的产品。

图 3.18　安全"三宝"

图 3.19　密目式安全网

3.5.4.1　安全帽

安全帽是防止人体头部受外力伤害(如物体打击)的帽子。使用时要注意:

(1)进入施工现场者必须戴安全帽。施工现场的安全帽应分色佩戴。

(2)正确使用安全帽,不准使用缺衬及破损的安全帽。

(3)安全帽应符合国家标准《头部防护　安全帽》(GB 2811—2019)的规定。应当选用经有关部门检验合格,其上有"安鉴"标志的安全帽。

(4)戴安全帽前先检查外壳是否破损,有无合格帽衬,帽带是否齐全,如果不符合要求立即更换。

(5)调整好安全帽的帽箍、帽衬,系好帽带。

3.5.4.2　安全带

安全带是高处作业人员、悬空作业人员预防坠落伤亡的防护用品。建筑施工中的高处作业、攀登作业、悬空作业等操作人员都应系安全带。使用时要注意:

(1)选用经有关部门检验合格的安全带,并保证在有效使用期内。

(2)安全带严禁打结、续接。

(3)使用中,要可靠地挂在牢固的地方,高挂低用,且要防止摆动,安全带上的各种部件不得任意拆掉,避免明火和刺割。

(4)2m 以上的悬空作业,必须使用安全带。

(5)安全带使用 2 年以后,使用单位应按购进批量的大小,选择一定比例的数量,做一次抽检,用 80kg 的砂袋做自由落体试验,若未破断则可继续使用,但抽检的样带应更换新的挂绳才能使用;若试验不合格,则购进的这批安全带就应报废。

(6)安全带外观有破损或闻到异味时,应立即更换。

（7）安全带使用3～5年即应报废。

（8）在无法直接挂安全带的地方，应设置挂安全带的安全拉绳、安全栏杆等。

3.5.4.3　安全网

安全网是用来防止人、物坠落或用来避免、减轻坠落及物体打击伤害的网具。目前，建筑工地所使用的安全网，按形式及其作用可分为平网和立网两种。由于这两种网使用中的受力情况不同，因此，它们的规格、尺寸和强度要求等也有所不同。平网，指其安装平面平行于水平面，主要用来承接人和物的坠落；立网，指其安装平面垂直于水平面，主要用来阻止人和物的坠落。

1. 安全网的构造和材料

安全网的材料，要求其比重小、强度高、耐磨性好、延伸率大和耐久性较强。此外还应有一定的耐气候性能，受潮受湿后其强度下降幅度不太大。目前，安全网以化学纤维为主要材料。同一张安全网上所有的网绳都要采用同一材料，所有材料的湿干强力比不得低于75％。通常，多采用维纶和尼龙等合成化纤做网绳。丙纶由于性能不稳定，禁止使用。此外，只要符合国际有关规定的要求，亦可采用棉、麻、棕等植物材料做原料。不论采用何种材料，每张安全平网的重量一般不宜超过15kg，并要能承受800N的冲击力。

2. 密目式安全网

《建筑施工安全检查标准》（JGJ 59—2011）规定，P3×6的大网眼的安全平网就只能在电梯井里、外脚手架的跳板下面、脚手架与墙体间的空隙等处使用。

密目式安全网的目数，在网上任意一处10cm×10cm的面积上大于2000目。目前，生产密目式安全网的厂家很多，品种也很多，产品质量也参差不齐，为了能使用合格的密目式安全网，施工单位采购来以后，可以做现场试验，除外观、尺寸、重量、目数等检查以外，还要做以下两项试验：

（1）贯穿试验。将1.8m×6m的安全网与地面成30°夹角放好，四边拉直固定。在网中心上方3m的地方，让1根5kg重的$\phi48×3.5$钢管自由落下，网不贯穿，即为合格；网贯穿，即为不合格。

（2）冲击试验。将密目式安全网水平放置，四边拉紧固定。在网中心上方1.5m处，让一个100kg重的砂袋自由落下，网边撕裂的长度小于200mm，即为合格。

如图3.19所示，用密目式安全网对在建工程外围及外脚手架的外侧进行全封闭，就使得施工现场用大网眼的平网做水平防护的敞开式防护，用栏杆或小网眼立网做防护的半封闭式防护，实现了全封闭式防护。

3. 安全网防护

（1）高处作业点下方必须设安全网。凡无外架防护的施工，必须在高度4～6m处设一层水平投影外挑宽度不小于6m的固定的安全网，每隔四层楼再设一道固定的安全网，并同时设一道随墙体逐层上升的安全网。

（2）施工现场应积极使用密目式安全网，架子外侧、楼层邻边井架等处用密目式安全网封闭栏杆，安全网放在杆件里侧。

（3）单层悬挑架一般只搭设一层脚手板作为作业层，故须在紧贴脚手板下部挂一道平网作为防护层。当在脚手板下挂平网有困难时，也可沿外挑斜立杆的密目网里侧斜挂一道平网，作为人员坠落的防护层。

（4）单层悬挑架包括防护栏杆及斜立杆两部分，全部用密目网封严。多层悬挑架上搭设的脚手架，也应用密目网封严。

（5）架体外侧用密目网封严。

（6）用安全网做防护层必须封挂严密牢靠，密目网用于立网防护，水平防护时必须采用平网，不准用立网代替平网。

（7）安全网应绷紧扎牢、拼接严密，不使用破损的安全网。

（8）安全网必须有产品生产许可证和质量合格证，不准使用无证不合格产品。

（9）安全网若有破损、老化应及时更换。

（10）安全网与架体连接不宜绷得太紧，系结点要沿边分布均匀、绑牢。

3.5.5　职业卫生防护

建筑行业常见的职业危害有：粉尘危害、锰中毒、苯中放射性伤害、震动伤害和噪声伤害等。为保护职工的身体健康，消除职业危害，防止职业病的发生，必须针对具体情况，采取相应的职业卫生防护措施，把现场作业场所的危害降低到国家标准的限值以内。

3.5.5.1　降（防）尘措施

在建筑施工中，材料的搬运使用、石材的加工、建筑物的拆除等均可产生大量的矿物性粉尘，长期吸入这样的粉尘可使人患硅沉着肺病。施工现场粉尘主要是含游离二氧化硅的粉尘、水泥尘（硅酸盐）、石棉尘、木屑尘、电焊尘、金属粉尘引起的粉尘；主要受危害的工种有混凝土搅拌司机、水泥上料工、材料试验工、平刨机工、金属除锈工、石工、风钻工、电（气）焊工等。

1. 作业场所防护措施

（1）水泥除尘措施：在搅拌机拌筒出料口处安装活动胶皮护罩，挡住粉尘外扬；在拌筒上方安装吸尘罩，将拌筒进料口飞起的粉尘吸走；在地面料斗侧向安装吸尘罩，将加料时扬起的粉尘吸走，通过风机将上述利用空气吸走的粉尘先后送入旋风滤尘器，再通过器内水浴将粉尘降落，然后用水冲入蓄积池。

（2）木屑除尘措施：在每台加工机械尘源上方或侧向安装吸尘罩，通过风机作用，将粉尘吸入输送管道，再送到蓄料仓内，可使各作业点的粉尘浓度降至 $2mg/m^3$ 以下。

（3）金属除尘措施：用抽风机或通风机将粉尘抽至室外，净化处理后排放。

2. 个人防护措施

（1）落实相关岗位的持证上岗制度，给施工作业人员提供扬尘防护口罩，杜绝施工操作人员的超时工作。

（2）检查措施：在检查项目工程安全的同时，检查工人作业场所的扬尘防护措施的落实情况，检查个人扬尘防护措施的落实情况，每月不少于一次，并指导施工作业人员减少扬尘的操作方法和技巧。

3.5.5.2　防生产性毒物措施

建筑施工过程中常接触到多种有机溶剂，如防水施工中常常接触到苯、甲苯、二甲苯、苯乙烯、铅、锰、二氧化硫、亚硝酸盐等。喷漆作业除常常接触到苯、苯系物外，还可接触到醋酸乙酯、氨类、甲苯二氰酸等。这些有机溶剂的沸点低、极易挥发，在使用过程中挥发到空气中的浓度可以达到很高，极易发生急性中毒和中毒死亡事故。主要受危害的工种有防水工、油漆工、喷漆工、电焊工、气焊工等。主要预防措施如下：

1.作业场所防护措施

（1）防铅中毒措施。允许浓度,铅烟 0.03mg/m³,铅尘 0.05mg/m³,超标者应采取措施。采用抽风机或用鼓风机升压将铅尘、铅烟抽至室外,进行净化处理后向空中排放;以无毒、低毒物料代替铅丹,消除铅源。

（2）防锰中毒措施。集中焊接场所,用抽风机将锰尘吸入管道,过滤净化后排放;分散焊接点,可设置移动式锰烟除尘器,随时将吸尘罩设在焊接作业人员上方,及时吸走焊接时产生的锰烟尘。

（3）防苯中毒措施。允许浓度,苯 40mg/m³ 以下,甲苯和二甲苯为 100mg/m³ 以下,超标者应采取措施。喷漆,可采用密闭喷漆间,工人在喷漆间外操纵微机控制,用机械手（自）动作业,以达到质量好、对人无危害的目的;通风不良的地下室、污水池内涂刷各种防腐涂料等作业,必须根据场地大小,采用多台抽风机把苯等有害气体抽出室外,减少连续配料时间,防止苯中毒和铅中毒;涂刷冷沥青,凡在通风不良的场所和容器内涂刷冷沥青时,必须采取机械送风、送氧及抽风措施,不断稀释空气中的毒物浓度。

2.个人防护措施

（1）作业时佩戴有害气体防护口罩、眼睛防护罩,杜绝违章作业,采取轮流作业模式,杜绝施工操作人员的超时工作。

（2）在检查工程安全的同时,检查落实工人作业场所的通风情况、个人防护用品的佩戴情况,及时制止违章作业。

（3）指导提高中毒事故中职工救人与自救的能力。

3.5.5.3　噪声

建筑施工中使用的机械工具及一些动力机械可以产生较强的噪声和局部的震动,长期接触噪声可损害职工的听力,严重时可造成噪声性耳聋。施工现场噪声主要来源于钻孔机、电锯、振捣器、搅拌机、电动机、空压机、钢筋加工机械、木工加工机械等;主要受危害的工种有混凝土振动棒工、打桩工、推土机工、平刨工等。

预防措施有在各种机械设备排气口安装消声器,在室内用多孔材料进行吸声,或对发生的物体、场所与周围进行隔绝。

施工现场振动主要来源于钻孔机、电锯、振捣器、混凝土振动棒、风钻、打桩机、推土机、挖掘机等;主要受危害的工种有混凝土振动棒工、风钻工、打桩机司机、推土机司机、挖掘机司机等。预防措施如下:

1.作业场所防护措施

（1）在作业区设置防职业病警示标志。

（2）在振源与需要防振的设备之间,安装具有弹性性能的隔振装置,使振源产生的大部分振动被隔振装置所吸收。

（3）改革生产工艺,降低噪声。

（4）有些手持振动工具的手柄,包扎泡沫塑料等隔振垫,工人操作时戴好专用防振手套,也可减少振动的危害。

2.个人防护措施

（1）为施工操作人员提供劳动防护耳塞,采取轮流作业模式,杜绝施工操作人员的超时工作。

（2）直接操作振动机械引起手臂振动病的机械操作工,要持证上岗,提供振动机械防护手套,延长换班休息时间,杜绝作业人员的超时工作。

（3）在检查工程安全的同时,检查落实警示标志的悬挂,检查落实作业场所的降噪声措施,工人佩戴防护耳塞、防振手套,不超时工作等情况。

3.5.5.4　高温中暑的预防控制措施

1.作业场所防护措施

（1）调整作息时间,避免高温期间作业,对有条件的作业场所可搭设遮阳棚等防护设施。

（2）在高温期间,为职工备足饮用水或绿豆汤及防中暑药品、器材。

2.个人防护措施

（1）减少工人工作时间,尤其是延长中午休息时间。

（2）夏季施工,在检查工程安全的同时,检查落实饮用水、防中暑物品的配备,使工人劳逸适宜。

（3）指导提高中暑情况发生时,职工救人与自救的能力。

思考与练习

1.高处作业的定义是什么？高处作业如何分级？

2.何为临边和洞口作业？它们的主要防护措施有哪些？

3.试述安全"三宝"的使用要求。

项目 4　施工机械与安全用电管理

任务 1　垂直运输机械安全技术管理

1.掌握塔式起重机、物料提升机、施工升降机安全管理知识。

2.熟悉常用的起重吊装机械,掌握起重吊装安全管理知识;熟悉常用施工机械的安全使用及安全防护知识。

1.能执行塔吊安装与拆除施工安全专项施工方案。

2.能执行物料提升机与外用电梯的安装与拆除施工安全专项施工方案。

1.养成严格按照施工方案、作业程序执行的工作意识。

2.培养规范操作的责任情感。

垂直运输机械在建筑施工中担负施工现场垂直运(输)送材料设备和人员上下的重要工作,它是施工安全技术措施中不可缺少的重要环节。垂直运输设施种类繁多,一般归结为塔式起重机、施工电梯、物料提升架、混凝土泵和小型提升机械五大类。

4.1.1　塔式起重机

塔式起重机(简称塔机)是一种塔身直立,起重臂铰接在塔帽下部,能够做 360°回转的起重机,通常用于房屋建筑和设备安装的场所,具有适用范围广、起升高度高、回转半径大、工作效率高、操作简便、运转可靠等特点。

由于塔式起重机机身较高,其稳定性就较差,并且拆、装转移较频繁以及技术要求较高,也给施工安全带来一定困难,操作不当或违章装、拆极有可能发生塔机倾覆的机毁人亡事故,造成严重的经济损失和人身伤亡恶性事故。因此,机械操作、安装、拆卸人员和机械管理人员必须全面地掌握塔机的技术性能,从思想上引起高度重视,从业务上掌握正确的安装、拆卸、操作技能,保证塔机的正常运行,确保安全生产。

4.1.1.1　塔式起重机的安全装置

为了确保塔式起重机的安全作业,防止发生意外,塔式起重机配备了图 4.1 所示的各类安

全防护装置,其安全装置主要有以下几类:

图 4.1　塔式起重机安全装置

1.起重力矩限制器

起重力矩限制器的主要作用是防止塔式起重机超载,避免由于严重超载而引起塔机的倾覆或折臂等恶性事故。

2.起重量限制器

起重量限制器的主要作用是防止塔式起重机的吊物重量超过最大额定荷载,避免发生机械损坏事故。

3.起升高度限制器

起升高度限制器的主要作用是限制吊钩接触到起重臂头部或载重小车之前,或是下降到最低点(地面或地面以下若干米)以前,使起升机构自动断电并停止工作。

4.幅度限制器

动臂式塔式起重机的幅度限制器的主要作用是臂架在变幅过程中,变幅到仰角极限位置时切断变幅机构的电源,使其停止工作,同时还设有机械止挡,以防臂架因起幅中的惯性而后翻。

小车运行变幅式塔式起重机的幅度限制器用来防止运行小车超过最大或最小幅度的两个极限位置。一般小车变幅限制器安装在臂架小车运行轨道的前后两端,用行程开关控制。

5.塔机行走限制器

行走式塔式起重机的轨道两端尽头所设的止挡缓冲装置,利用安装在台车架上或底架上的行程开关碰撞到轨道两端前的挡块切断电源来达到使塔机停止行走的目的,防止脱轨造成塔机倾覆事故。

6.钢丝绳防脱槽装置

钢丝绳防脱槽装置的主要作用是防止当传动机构发生故障时,造成钢丝绳不能够在卷筒上顺排,以致越过卷筒端部凸缘而发生咬绳等事故。

7.回转限制器

有些上回转的塔式起重机安装了回转不能超过 270°和 360°的限制器,以防止电源线扭断而造成事故。

8.风速仪

自动记录风速,当超过 6 级以上风速时自动报警,使操作司机及时采取必要的防范措施,如停止作业,放下吊物等。

9.电器控制中的零位保护和紧急安全开关

所谓零位保护,是指塔式起重机操纵开关与主令控制器连锁,只有在全部操纵杆处于零位时,开关才能接通,从而防止无意操作。

紧急安全开关则是一种能及时切断全部电源的安全装置。

10.夹轨钳

夹轨钳装设在台车金属结构上,用以夹紧钢轨,防止塔式起重机在大风情况下被风吹动而行走,造成塔机出轨倾翻事故。

11.吊钩保险

吊钩保险是安装在吊钩挂绳处的一种防止起重千斤绳由于角度过大或挂钩不妥时造成起吊千斤绳脱钩,吊物坠落事故的装置。

吊钩保险一般采用机械卡环式,用弹簧来控制挡板,阻止千斤绳滑钩。

4.1.1.2　塔式起重机的安装与拆卸

1.施工方案与资质管理

特种设备(塔机、井架、龙门架、施工电梯等)的安拆必须编制具有针对性的施工方案,内容应包括:工程概况、施工现场情况、安装前的准备工作及注意事项、安装与拆卸的具体顺序和方法、安装和指挥人员组织、安全技术要求及安全措施等。

装拆塔式起重机的企业,必须具备装拆作业的资质,作业人员必须经过专门培训并取得上岗证。

安装调试完毕,还必须进行自检、试车及验收,按照检验项目和要求注明检验结果。检验项目应包括:特种设备主体结构组合、安全装置、起重钢丝绳与卷筒、吊物平台篮或吊钩、制动器、减速器、电气线路、配重块、空载试验、额定载荷试验、110%的载荷试验、经调试后各部位运转情况、检验结果等。塔机验收合格后,才能交付使用。

2.安装与拆卸的安全注意事项

(1)对装拆人员的要求

①参加塔式起重机装拆的人员,必须经过专业培训考核,持有效的操作证上岗。

②装拆人员严格按照塔式起重机的装拆方案和操作规程中的有关规定、程序进行装拆。

③装拆作业人员应严格遵守施工现场安全生产的有关制度,正确使用劳动保护用品。

(2)对塔式起重机装拆的管理要求

①装拆塔式起重机的施工企业,必须具备装拆作业的资质,并按装拆塔式起重机资质的等级装拆相对应的塔式起重机。

②施工企业必须建立塔式起重机的装拆专业班组,主要由起重工(装拆工)、电工、起重指挥员、塔式起重机操纵司机和维修钳工等组成。

③进行塔式起重机装拆,施工企业必须编制专项的装拆安全施工组织设计和装拆工艺要求,并经过企业技术主管领导的审批。

④塔式起重机装拆前,必须向全体作业人员进行装拆方案和安全操作技术的书面和口头交底,并履行签字手续。

4.1.1.3　塔式起重机使用安全要求

塔式起重机使用前必须制订特种设备管理制度,包括设备经理的岗位职责,起重机管理员的岗位职责,起重机安全管理制度,起重机驾驶员岗位职责,起重机械安全操作规程,起重机械的事故应急措施、救援预案,起重机械装拆安全操作规程等。

(1)起重机的安装、顶升、拆卸必须按照原厂规定进行,并制订安全作业措施,由专业队(组)在队(组)长统一指导下进行,并要有技术和安全人员在场监护。

(2)起重机安装后,在无荷载情况下,塔身与地面的垂直度偏差值不得超过 3/1000。

(3)起重机专用的临时配电箱,宜设置在轨道中部附近,电源开关应合乎规定要求。电缆卷筒必须运转灵活、安全可靠,不得拖缆。

(4)起重机轨道应进行接地、接零。塔吊的重复接地应在轨道的两端各设一组,对较长的轨道,每隔 30m 再加设一组接地装置。其中两条轨道之间应用钢筋或扁铁等做成环形电气连接,轨与轨的接头处应用导线跨接形成电气连接。塔吊的保护接零和接地线必须分开。

(5)起重机必须安装行走、变幅、吊钩高度等限位器和力矩限制器等安全装置,并保证灵敏可靠。对有升降式驾驶室的起重机,断绳保护装置必须可靠。

(6)起重机的塔身上,不得悬挂标语牌。

(7)轨道应平直、无沉陷,轨道螺栓无松动,排除轨道上的障碍物,松开夹轨器并向上固定好。

(8)作业前重点检查(图 4.2)如下几项:

①机械结构的外观情况,各传动机构正常,各齿轮箱、液压油箱的油位应符合标准;

②主要部位连接螺栓应无松动,钢丝绳磨损情况及穿绕滑轮应符合规定;

③供电电缆应无破损。

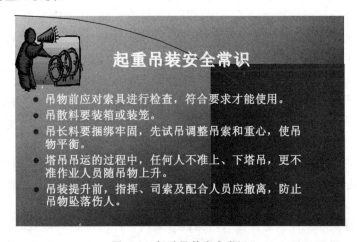

图 4.2　起重吊装安全常识

(9)在中波无线电广播发射天线附近施工时,与起重机接触的人员,应戴绝缘手套和穿绝缘鞋。

(10)电源电压应达到 380V,其变动范围不得超过 ±20V,送电前启动控制开关应在零位。接通电源,检查金属结构部分无漏电方可上机。

(11)空载运转,检查行走、回转、起重、变幅等各机构的制动器、安全限位器、防护装置等,确认正常后,方可作业。

(12)操纵各控制器时应依次逐级操作,严禁越挡操作。在变换运转方向时,应将控制器转到零位,待电动机停止转动后,再转向另一方向。操作时力求平稳,严禁急开急停。

(13)吊钩提升接近臂杆顶部、小车行至端点或起重机行走接近轨道端部时,应减速缓行至停止位置。吊钩距臂杆顶部不得小于 1m,起重机距轨道端部不得小于 2m。

(14)动臂式起重机的起重、回转、行走三种动作可以同时进行,但变幅只能单独进行。每次变幅后应对变幅部位进行检查。允许带载变幅的小车变幅式起重机在满载荷或接近满载荷时,只能朝幅度变小的方向变幅。

(15)提升重物后,严禁自由下降。重物就位时,可用微动机构或使用制动器使之缓慢下降。

(16)提升的重物平移时,应高出其跨越的障碍物 0.5m 以上。

(17)2 台或 2 台以上塔吊靠近作业时,应保证两机之间的最小防碰安全距离符合以下要求。

①移动塔吊:任何部位(包括起吊的重物)之间的距离不得小于 5m。

②两台同是水平臂架的塔吊,臂架与臂架的高差至少应不小于 6m。

③处于高位的起重机(吊钩升至最高点)与低位的起重机之间,在任何情况下,其垂直方向的间距不得小于 2m。

(18)当施工因场地作业条件的限制而不能满足要求时,应同时采取以下两种措施。

①组织措施:对塔吊作业及行走路线进行规定,由专设的监护人员进行监督执行。

②技术措施:应设置限位装置缩短臂杆、升高(下降)塔身等。防止塔吊因误操作而超越规定的作业范围,从而发生碰撞事故。

(19)旋转臂架式起重机的任何部位或被吊物边缘与 10kV 以下的架空线路边线最小水平距离不得小于 2m,塔式起重机活动范围应避开高压供电线路,相距应不小于 6m。当塔吊与架空线路之间的距离小于安全距离时,必须采取防护措施,并悬挂醒目的警告标志牌。夜间施工应使用 36V 彩泡(或红色灯泡),当起重机作业半径在架空线路上方经过时,其线路的上方也应有防护措施。

(20)主卷扬机未安装在平衡臂上的上旋式起重机作业时,不得顺一个方向连续回转。

(21)装有机械式力矩限制器的起重机,在每次变幅后,必须根据回转半径和该半径的允许载荷,对超载荷限位装置的吨位指示盘进行调整。

(22)弯轨路基必须符合规定要求,起重机转弯时应在外轨轨面上撒上砂子,内轨轨面及两翼涂上润滑脂,配重箱转至转弯外轮的方向;严禁在弯道上进行吊装作业或吊重物转弯。

(23)作业后,起重机应停放在轨道中间位置,臂杆应转到顺风方向,并放松回转制动器。小车及平衡重应移到非工作状态位置。吊钩提升到离臂杆顶端 2~3m 处。

(24)将每个控制开关拨至零位,依次断开各路开关,关闭操作室门窗,下机后切断电源总开关,打开高空指示灯。

(25)锁紧夹轨器,使起重机与轨道固定,如遇 8 级大风时,应另拉缆风绳与地锚或建筑物固定。

(26)任何人员上塔帽、吊臂、平衡臂的高空部位检查或修理时,必须系安全带。

(27)附着式、内爬式塔式起重机还应遵守以下事项:

①附着式或内爬式塔式起重机的基础和附着的建筑物,其受力强度必须满足起重机设计

要求。

②附着时应用经纬仪检查塔身的垂直情况并用撑杆调整垂直度,其垂直度偏差应不超过规定值。

③每道附着装置的撑杆布置方式、相互间隔和附墙距离应符合原厂规定。

④附着装置在塔身和建筑物上的框架,必须固定可靠,不得有任何松动。

⑤轨道式起重机做附着式使用时,必须提高轨道基础的承载能力并切断行走机构的电源。

⑥起重机载人专用电梯断绳保护装置必须可靠,并严禁超重乘人。当臂杆回转或起重作业时严禁开动电梯。电梯停用时,应降至塔身底部位置,不得长期悬在空中。

⑦如风力达到 4 级以上时,不得进行顶升、安装、拆卸作业。作业时突然遇到风力加大,必须立即停止作业,并将塔身固定。

⑧顶升前必须检查液压顶升系统各部件的连接情况,并调整好爬升架滚轮与塔身的间隙,然后放松电缆,其长度略大于顶升高度,并紧固好电缆卷筒。

⑨顶升作业必须在专人指挥下操作,非作业人员不得登上顶升机套架的操作台,操作室内只准 1 人操作,严格听从信号指挥(图 4.3)。

塔式起重机、施工升降机等大型机械设备,必须配备合格的操作人员、固定的信号指挥人员和相对固定的挂钩人员。要有专人负责管理,有设相对案、履历书、定期安全检查资料和保养记录。

图 4.3　专职信号指挥人员

⑩顶升时,必须使吊臂和平衡臂处于平衡状态,并将回转部分制动住。严禁回转臂杆及进行其他作业。顶升中若发现故障,必须立即停止顶升进行检查,待故障排除后方可继续顶升。

⑪顶升到规定高度后必须先将塔身附着在建筑物上后,方可继续顶升。塔身高出固定装置的自由端高度应符合原厂规定。

⑫顶升完毕后,各连接螺栓应按规定的力矩紧固,爬升套架滚轮与塔身应吻合良好,左右操纵杆应在中间位置,并切断液压顶升机构电源。

(28)塔吊司机属特种作业人员,必须经过专门培训,取得操作证。司机学习的塔型与实际操纵的塔型应一致。严禁未取得操作证的人员操作塔吊。

(29)指挥人员必须经过专门培训,取得指挥证。严禁无证人员指挥。

(30)高塔作业应结合现场实际改用旗语或对讲机进行指挥。

(31)塔式起重机司机必须严格按照操作规程的要求和规定执行,上班前例行保养、检查,一旦发现安全装置不灵敏或失效必须进行整改。符合安全使用要求后方可作业。

4.1.2　物料提升机

物料提升架包括井式提升架（简称"井架"）、龙门式提升架（简称"龙门架"）、塔式提升架（简称"塔架"）和独杆升降台等，它们的共同特点为：

（1）提升采用卷扬机，卷扬机设于架体外。

（2）安全设备一般只有防冒顶、防坐冲和停层保险装置，只允许用于物料提升，不得载运人员。

（3）用于10层以下时，多采用缆风绳固定；用于超过10层的高层建筑施工时，必须采取附墙方式固定，成为无缆风绳高层物料提升架，并可在顶部设液压顶升构造，实现井架或塔架标准节的自升接高。

塔架是一种采用类似塔式起重机的塔身和附墙构造，两侧悬挂吊笼或混凝土斗，可自升的物料提升架。此外，还有一种用于烟囱等高耸构筑物施工的、随作业平台升高的井架式物料提升机，同时供人员上下使用，在安全设施方面需相应加强，例如增加限速装置和断绳保护装置等，以确保人员上下的安全。

4.1.2.1　物料提升机安全防护装置

1.安全停靠装置

当吊篮运行到位时，该装置应能可靠地将吊篮定位，并能承担吊篮自重、额定荷载及运卸料人员和装卸物料时的工作荷载。此时起升钢丝绳应不受力。安全停靠装置的形式不一，有机械式、电磁式、自动或手动型等。

2.断绳保护装置

在吊篮运行过程中，若发生钢丝绳突然断裂或钢丝绳尾端固定点松脱，吊篮会从高处坠落，情况严重的将造成机毁人亡的后果。断绳保护装置就是当上述情况发生时，此装置即刻动作，将吊篮卡在架体上，使吊篮不坠落，避免产生严重的事故。断绳保护装置的形式较多，最常见的是弹闸式，其他还有偏心夹棍式、杠杆式和挂钩式等。

无论哪种形式，都应能可靠地将下坠的吊篮固定在架体上，其最大滑落行程，在吊篮满载时不得超过1m。

3.吊篮安全门

吊篮的上下料口处应装设安全门，此门应制成自动开启型。当吊篮落地或停层时，安全门能自动打开，而在吊篮升降运行中此门处于关闭状态，成为一个四边都封闭的"吊篮"，以防止所运载的物料从吊篮中滚落。

4.楼层口通道门

物料提升机与各楼层进料口一般均搭设了运料通道。在楼层进料口与运料通道的结合处必须设置通道安全门，此门在吊篮上下运行时应处于常闭状态，只有在卸运料时才能打开，以保证施工作业人员不在此处发生高处坠落事故。

此门应设在楼层口，与架体保持一段距离，不能紧靠物料提升机架体。通道门高度宜为1.8m，其强度应能承受$1kN/m^2$的水平荷载。

5.上料口防护棚

物料提升机地面进料口是运料人员经常出入和停留的地方，吊篮在运行过程中易发生落物伤人事故，因此，搭设上料口防护棚是防止落物伤人的有效措施。

上料口防护棚应设在提升机地面进料口的上方,其宽度应大于提升机架体最外部尺寸,两边对称,长度不得小于 1m;低架提升机应大于 3m,高架提升机应大于 5m。其顶部材料强度应能承受 10kPa 的均布荷载。或采用 50mm 厚木板架设,或采用两层竹笆且上下竹笆间距应不小于 600mm。

上料口防护棚的搭设应形成一相对独立的架体,不得将提升机架体或脚手架立杆作为防护棚的传力杆件,以避免提升机或脚手架产生附加力矩,保证提升机或脚手架的稳定。

6. 上极限限位器

它是为防止司机误操作或机械、电气故障引起吊篮上升高度失控造成事故而设置的安全装置。该装置应能有效地控制吊篮允许提升的最高极限位置,此极限位置应控制在天梁最低处以下 3m。当吊篮上升达到极限位置时,限位器立即工作,切断电源,使吊篮只能下降,不能上升。

7. 紧急断电开关

应设在司机便于操作的位置,在紧急情况下,能及时切断提升机的总控制电源。

8. 信号装置

信号装置由司机控制,能与各楼层进行简单的音响或灯光联络,以确定吊篮的需求情况。高架提升机除应满足上述安全装置外,还应满足以下要求:

(1)下极限限位器:该装置系控制吊篮下降最低极限位置的装置。在吊篮下降到最低限定位置时,即吊篮下降至尚未碰到缓冲器之前,此限位器自动切断电源,并使吊篮在重新启动时只能上升,不能下降。

(2)缓冲器:在架体底部坑内设置的,为缓解吊篮下坠或下极限限位器失灵时产生的冲击力的一种装置。该装置应能承受并吸收吊篮满载时和规定速度下所产生的相应冲击力。缓冲器可采用弹簧或弹性实体。

(3)超载限制器:此装置是为保证提升机在额定载重量之内安全使用而设置的。当荷载达到额定荷载时,即发出报警信号,提醒司机和运料人员注意。当荷载超过额定荷载时,应能切断电源,使吊篮不能启动。

(4)通信装置:由于架体高度较高,吊篮停靠楼层数较多,司机不知道楼层上人员需要或分辨不清哪层楼面发出信号时,必须装设通信装置。通信装置必须是一个闭合回路的双向电气通信系统,司机应能听到或看清每一站的需求联系,并能与每一站人员通话。

当低架提升机的架设是利用建筑物内部垂直通道时,如采光井、电梯井、设备或管道井,在司机不能看到吊篮运行的情况下,也应该装设通信联络装置。

4.1.2.2　提升机的安装与拆除

1. 提升机安装前的准备工作

(1)根据施工现场工作条件及设备情况编制架体的安装方案。

(2)安装与拆除作业前,应根据方案对作业人员进行安全技术交底,确定指挥人员。提升作业人员必须持证上岗。

(3)划定安全警戒区域,指定监护人员,非工作人员不得进入警戒区内。

(4)厂家生产的提升机应有产品标牌,标明额定起重量、最大提升速度、最大架设高度、制造单位、产品编号及出厂日期。提升机出厂前,应按规定进行检验,并附合格证,经建筑安全监督管理部门核验,颁发产品准用证,方可出厂。

（5）提升机架体实际安装高度不得超出设计所允许的最大高度，并做好以下检查：

①金属结构的成套性和完好性。

②提升机构是否完整良好；电气设备是否齐全可靠。

③基础位置和做法是否符合要求。

④地锚位置、连墙杆（附墙杆）连接预埋件的位置是否正确和埋设牢靠。

⑤提升机周围环境条件有无影响作业安全的因素。尤其是缆风绳是否跨越或靠近外电线路以及其他架空输电线路。必须靠近时，应保证最小安全距离并采取相应的安全防护措施，其最小安全距离见表 4.1。

表 4.1 缆风绳距外电线路最小安全距离

外电线路电压	1kV 以下	1～10kV	35～110kV	154～220kV	330～500kV
最小安全操作距离（m）	4	6	8	10	15

2. 架体安装

（1）每安装 2 个标准节（一般不大于 8m），应采取临时支撑或临时缆风绳固定。

（2）安装龙门架时，两边立柱应交替进行，每安装 2 节，除将单肢柱进行临时固定外，尚应将两立柱横向连接成一体。

（3）装设摇臂把杆时，应符合以下要求：

①把杆不得装在架体的自由端；

②把杆底座要高出工作面，其顶部不得高出架体；

③把杆与水平面夹角应在 45°～70°，转向时不得碰到缆风绳；

④把杆应安装保险钢丝绳，起重吊钩应采用符合规定的吊具并设置吊钩上极限限位装置。

（4）架体安装完毕后，企业必须组织有关职能部门和人员对提升机进行试验和验收，检查验收合格后，方能交付使用，并挂上验收合格牌。

3. 安装精度要求

安装精度应符合以下规定：

（1）新制作的提升机，架体安装的垂直偏差，最大不应超过架体高度的 1.5‰；多次使用过的提升机，在重新安装时，其偏差不应超过 3‰，并不得超过 200mm。

（2）井架截面内，两对角线长度公差不得超过最大边长的名义尺寸的 3‰。

（3）导轨接点截面错位不大于 1.5mm。

（4）吊篮导靴与导轨的安装间隙应控制在 5～10mm 以内。

4. 架体拆除

（1）拆除前应做必要的检查，其内容包括：

①查看提升机与建筑物的连接情况，特别是有无与脚手架连接的现象；

②查看提升机架体有无其他牵拉物；

③查看临时缆风绳及地锚的设置情况；

④查看架体或地梁与基础的连接情况。

（2）在拆除缆风绳或附墙架前，应先设置临时缆风绳或支撑，确保架体自由高度不得大于 2 个标准节（一般不大于 8m）。

（3）拆除作业中，严禁从高处向下抛掷物件。

（4）拆除作业宜在白天进行,夜间确需作业的应有良好的照明。因故中断作业时,应采取临时稳固措施。

4.1.2.3　提升机的安装、验收管理

1. 井架的安装

井架的安装应采取分段验收的方式进行,即必须符合《龙门架及井架物料提升机安全技术规范》(JGJ 88—2010)和专项安装施工方案的要求。

2. 基础验收

（1）高架井架的基础应符合设计和产品使用规定。

（2）低架井架基础必须达到下列要求:

①土层压实后的承载力不小于 80kPa;

②混凝土强度等级不小于 C20,厚度不小于 300mm,浇注后基础表面应平整,水平度偏差不大于 10mm。

（3）基础地梁(或基础杆件)与基础(及预埋件)安装连接验收。

3. 龙门架、井架安装验收范围

龙门架、井架安装验收范围包括:结构的连接、垂直度、附着装置或缆风绳,机构,安全装置,吊篮,层楼通道、防护门,电气控制系统等。井架初次安装后如需升节,则每次升节后必须重新组织验收。

（1）龙门架、井架专项安装施工方案的编制人员必须参与各阶段的验收,确认符合要求,并签署意见后,方可进入后续安装、投入使用。

（2）检查验收中如发现龙门架、井架不符合设计或规范规定的,必须落实整改。对检查验收的结果及整改情况,应按时记录,并由参加验收人员签名留档保存。

（3）龙门架、井架的基础及预埋件的验收,应按"隐蔽工程验收"程序进行验收,基础的混凝土应有强度试验报告,并将这些资料存入安保体系管理资料中;井架的其他验收,应严格以《龙门架及井架物料提升机安全技术规范》(JGJ 88—2010)为指导,按照"施工现场安全生产保证体系"中对井架与龙门架搭设的验收内容进行验收及扩项验收。

（4）龙门架、井架采用租赁形式或由专业施工单位进行安装的,安装单位除必须履行上述分段安装验收手续以外,使用前必须办理验收和移交手续,由安装单位和使用单位双方进行签字认可。

（5）龙门架、井架验收合格后,应在架体醒目处悬挂验收合格牌、限载牌和安全操作规程牌。

4.1.2.4　物料提升机的安全使用与管理

（1）物料提升机安装后,应由主管部门组织有关人员按规范和设计的要求进行检查验收,验收单位应有量化验收内容,并有定量记录。参加验收的有关责任人应在验收合格单上签字,确定合格后颁发使用证,方可交付使用。

（2）施工单位应根据提升机的类型制订安全操作规程,建立设备技术档案,建立管理制度及检修保养制度,由专职机构和专职人员管理提升机。

（3）升降机司机应经专门培训,持证上岗。升降机司机要相对稳定,且每班开机前,应对卷扬机、钢丝绳、地锚、缆风绳进行检查,并进行空车运行,确认安全装置安全可靠后方能投入工作。

（4）每月进行一次定期检查。

（5）钢丝绳应经常进行维护保养,防止钢丝绳锈蚀、缺油,钢丝绳磨损超过报废标准的不得

使用。钢丝绳过路段不得外露,应采用挖沟盖板等保护措施。钢丝绳运行时与地面应保持一定距离,避免钢丝绳外绳股磨损。

(6)物料提升机在任何情况下,严禁人员攀登、穿越提升机架体或乘坐吊篮上下。

(7)物料在吊篮内应均匀分布,不得超出吊篮,严禁超载使用。

(8)设置灵敏可靠的联系信号装置,司机在通信联络信号不明时不得开机,作业中不论任何人发出紧急停车信号,都应立即执行。

(9)闭合主电源前或作业中突然断电,应将所有开关拨回零位。在重复作业前,应在确认提升机动作正常后方可继续使用。

(10)发现安全装置、通信装置失灵时,应立即停机修复。作业中不得随意使用极限限位装置。

(11)装设摇臂把杆的提升机,吊篮与摇臂把杆不得同时使用。

(12)提升机在工作状态下,不得进行保养、维修、排除故障等工作,若要进行则应切断电源,并在醒目处挂"有人检修、禁止合闸"的标志牌,必要时应设专人监护。

(13)卷扬机应安装在平整坚实的位置上,宜远离危险作业区,视线应良好。因施工条件限制,卷扬机安装位置距施工作业区较近时,其操作棚的顶部应按规定的防护棚要求架设。

(14)作业结束时,司机应降下吊篮,切断电源,锁好控制电箱门,防止其他无证人员擅自启动提升机。

4.1.3　施工升降机

施工升降机是高层建筑施工中运送施工人员上下及建筑材料和工具设备必备的和重要的垂直运输设施。施工升降机又称为施工电梯,是一种使工作笼(吊笼)沿导轨作垂直(或倾斜)运动的机械。施工升降机在中、高层建筑施工中应用较为广泛,另外还可作为仓库、码头、船坞、高塔、高烟囱等长期使用的垂直运输机械,如图4.4、图4.5所示。

图 4.4　施工升降机 1　　　　　　　图 4.5　施工升降机 2

施工升降机按其传动形式可分为齿轮齿条式、钢丝绳式和混合式三种。本节主要叙述齿轮齿条传动的 SC 系列施工升降机有关的安全使用与管理知识。

4.1.3.1　施工升降机的分类标记和基本构造

标记示例:

升降机 SC60:表示单吊笼额定载重量为 600kg 的齿轮齿条式升降机。

升降机 SS100：表示单吊笼额定载重量为 1000kg 的钢丝绳式升降机。

升降机 SH100/80A：表示一吊笼额定载重量为 1000kg，采用齿轮齿条驱动；另一吊笼额定载重量为 800kg，采用钢丝绳提升的第一次变型更新的混合式升降机。

升降机 SCD100/100：表示双吊笼、有对重，额定载重量为 1000kg 的齿轮齿条式升降机。

（1）施工升降机的分类标记如图 4.6 所示。

施工升降机的型号由类组、型式、特性、主参数和变型更新代号组成。

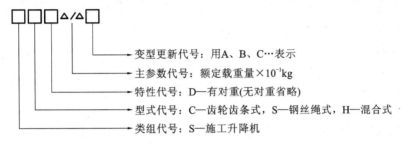

变型更新代号：用 A、B、C…表示
主参数代号：额定载重量×10^{-1}kg
特性代号：D—有对重(无对重省略)
型式代号：C—齿轮齿条式，S—钢丝绳式，H—混合式
类组代号：S—施工升降机

图 4.6　施工升降机的型号

（2）施工升降机的基本构造如图 4.7 所示。

4.1.3.2　施工升降机的安全装置

1. 限速器

齿条驱动的建筑施工升降机，为了防止吊笼坠落均装有锥鼓式限速器，并可分为单向式和双向式两种。单向限速器只能沿吊笼下降方向起限速作用，双向限速器则可以沿吊笼的升降两个方向起限速作用。当齿轮达到额定限制转速时，限速器内的离心块在离心力与重力作用下，推动制动轮并逐渐增大制动力矩，直到将工作笼制动在导轨架上为止。在限速器制动的同时，导向板切断驱动电动机的电源。限速器每次动作后，必须进行复位，即使离心块与制动轮的凸齿脱开，并确认传动机构的电磁制动作用可靠后，方能重新工作（限速器应按规定期限进行性能检测）。

2. 缓冲弹簧

在建筑施工升降机底笼的底盘上装有缓冲弹簧，以便当吊笼发生坠落事故时，减轻吊笼的冲击，同时保证吊笼和配重下降着地时呈柔性接触，缓冲吊笼和配重着地时的冲击。缓冲弹簧有圆锥卷弹簧和圆柱螺旋弹簧两种。一般情况下，每个吊笼对应的底架上装有 2 个圆锥卷弹簧，也有采用 4 个圆柱螺旋弹簧的。

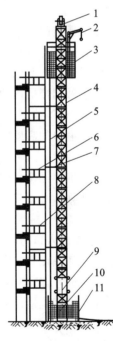

图 4.7　建筑施工升降机构造简图
1—天轮架；2—小起重机；3—吊笼；
4—导轨架；5—电缆；6—后附着架；
7—前附着架；8—护栏；9—配重；
10—底笼；11—基础

3. 上、下限位器

为防止吊笼上、下运行时超过需停位置，因司机误操作或电气故障等原因继续上行或下降引发事故而设置的装置，安装在吊轨架和吊笼上，属于自动复位型的装置。

4. 上、下极限限位器

上、下极限限位器是在上、下限位器不起作用时，当吊笼运行超过限位开关和越程后，能及时切断电源使吊笼停车。极限限位器是非自动复位型的装置,动作后只能手动复位才能使吊笼重新启动。极限限位器安装在导轨器或吊笼上。(越程是指限位开关与极限限位开关之间所规定的安全距离。)

5.安全钩

安全钩是为防止吊笼到达预先设定的位置,上限位器和上极限限位器因各种原因而不能及时动作,吊笼继续向上运行,导致吊笼冲击导轨架顶部而发生倾翻坠落事故而设置的。安全钩是安装在吊笼上部的重要装置,也是最后一道安全装置,当吊笼上行到导轨架顶部的时候,安全钩能钩住导轨架,保证吊笼不发生倾翻坠落事故。

6.急停开关

当吊笼在运行过程中发生各种原因的紧急情况时,司机能在任何时候按下急停开关,使吊笼停止运行。急停开关必须是非自行复位的安全装置,安装在吊笼顶部。

7.吊笼门、底笼门连锁装置

施工升降机的吊笼门、底笼门均装有电气联锁开关,它们能有效地防止因吊笼门或底笼门未关闭就启动运行而造成的人员坠落和物料滚落,只有当吊笼门和底笼门完全关闭时才能启动运行。

8.楼层通道门

施工升降机与各楼层均搭设了供运料和人员进出的通道,在通道口与升降机结合部必须设置楼层通道门。此门在吊笼上下运行时处于常闭状态,只有在吊笼停靠时才能由吊笼内的人打开。应做到楼层内的人员无法打开此门,以确保通道口处在封闭的条件下,不出现危险的临边边缘。

楼层通道门的高度应不低于 1.8m,门的下沿离通道面不应超过 50mm。

9.通信装置

由于司机的操作室位于吊笼内,司机既无法知道各楼层的需求情况,也分辨不清哪个层面发出信号,因此,必须安装一个闭合回路的双向电气通信装置,司机应能听到或看到每一层的需求信号。

10.地面出入口防护棚

施工升降机在安装完毕时,应及时搭设地面出入口的防护棚。防护棚搭设的材质要选用普通脚手架钢管,防护棚长度不应小于 5m,有条件的可与地面通道防护棚连接起来。宽度应不小于升降机底笼最外部尺寸。其顶部材料可采用 50mm 厚木板,或两层竹笆且上下竹笆间距应不小于 600mm。

4.1.3.3　施工升降机的安装与拆卸

(1)施工升降机每次安装与拆卸作业之前,企业应根据施工现场工作环境及辅助设备情况编制安装拆卸方案,经企业技术负责人审批同意后方能实施。

(2)每次安装或拆除作业之前,应按不同的工种和作业内容对作业人员进行详细的技术、安全交底。参与装拆作业的人员必须持有专门的资格证书。

(3)施工升降机的装拆作业必须是经当地建设行政主管部门认可、持有相应的装拆资质证书的专业单位实施。

(4)施工升降机每次安装后,施工企业应当组织有关职能部门和专业人员对升降机进行必要的试验和验收。确认合格后应当向当地建设行政主管部门认定的检测机构申报,经专业检测机构检测合格后,才能正式投入使用。

(5)施工升降机在安装作业前,应对升降机的各部件做如下检查:

①导轨架、吊笼等金属结构的成套性和完好性;

②传动系统的齿轮、限速器的装配精度及其接触长度;

③电气设备主电路和控制电路是否符合国家规定的产品标准;

④基础位置和做法是否符合该产品的设计要求;

⑤附墙架设置处的混凝土强度和螺栓孔是否符合安装条件;

⑥各安全装置是否齐全,安装位置是否正确、牢固,各限位开关动作是否灵敏、可靠;

⑦升降机安装作业环境有无影响作业安全的因素。

(6)安装作业应严格按照预先制订的安装方案和施工工艺要求实施,安装过程中有专人统一指挥,划出警戒区域,并有专人监控。

(7)安装与拆卸工作宜在白天进行,遇恶劣天气应停止作业。

(8)作业人员应按高处作业的要求,系好安全带。

(9)拆卸时严禁将物件从高处向下抛掷。

4.1.3.4　施工升降机的安全使用和管理

(1)施工企业必须建立健全施工升降机的各类管理制度,落实专职机构和专职管理人员,明确各级安全使用和管理责任制。

(2)驾驶升降机的司机应是经有关行政主管部门培训合格的专职人员,严禁无证操作。

(3)司机应做好日常检查工作,即在电梯每班首次运行时,应分别做空载和满载试运行,将梯笼升高至离地面设计高度处停车,检查制动器的灵敏性和可靠性,确认正常后方可投入使用。

(4)建立和执行定期检查和维修保养制度,每周或每旬对升降机进行全面检查,对查出的隐患按"三定"原则落实整改。整改后须经有关人员复查,确认符合安全要求后,方能使用。

(5)梯笼乘人、载物时,应尽量使荷载均匀分布,严禁超载使用。

(6)升降机运行至最上层和最下层时,严禁以碰撞上、下限位开关的方式来实现停车。

(7)司机因故离开吊笼及下班时,应将吊笼降至地面,切断总电源并锁上电箱门,以防止其他无证人员擅自开动吊笼。

(8)风力达 6 级以上,应停止使用升降机,并将吊笼降至地面。

(9)各停靠层的运料通道两侧必须有良好的防护。楼层门应处于常闭状态,其高度应符合规范要求,任何人不得擅自打开或将头伸出门外,当楼层门未关闭时,司机不得开动电梯。

(10)确保通信装置的完好,司机应当在确认信号后方能开动升降机。

作业中无论任何人在任何楼层发出紧急停车信号,司机都应当立即执行。

(11)升降机应按规定单独安装接地保护和避雷装置。

(12)严禁在升降机运行状态下进行维修、保养工作。若需维修,必须切断电源并在醒目处挂上"有人检修,禁止合闸"的标志牌,并有专人监护。

4.1.4　起重吊装安全技术

4.1.4.1　吊装作业基本知识

吊装作业是指建筑施工中的结构安装和设备安装工程。由于起重吊装作业是专业性较强且危险性较大的工作,稍微疏忽就易发生伤亡事故,因此,《危险性较大工程安全专项施工方案编制及专家论证审查办法》规定,起重吊装及安装拆卸工程,即属于以下起重吊装及安装拆卸范围的工程,施工前应编制专项方案:

(1)采用非常规起重设备、方法,且单件起吊重量在10kN及以上的起重吊装工程。

(2)采用起重机械进行安装的工程。

(3)起重机械设备自身的安装、拆卸。

对于达到以下起重量或高度的工程,施工单位应当组织专家对专项方案进行论证:

①采用非常规起重设备、方法,且单件起吊重量在100kN及以上的起重吊装工程。

②起重量在300kN及以上的起重设备安装工程;高度在200m及以上的内爬起重设备的拆除工程。

同时,在《建筑施工安全检查标准》(JGJ 59—2011)中,增加了"起重吊装安全检查评分表"这一项内容,意在加强和重视吊装作业的安全工作。

4.1.4.2　施工方案

起重吊装包括结构吊装和设备吊装,其作业属高处危险作业,作业条件多变,专业性强,施工技术也比较复杂,施工前应根据工程实际编制专项施工方案。其内容应包括:现场环境、工程概况、施工工艺、起重机械的选型依据、起重扒杆的设计计算、地锚设计、钢丝绳及索具的设计选用、地耐力及道路的要求、构件堆放就位图、吊装过程中的各种安全防护措施以及应急救援预案等。

作业方案必须针对工程状况和现场实际,且应具有指导性,并经上级技术部门审批确认符合要求。

4.1.4.3　起重机械

1.起重机

(1)起重机械按施工方案要求选型,运到现场重新组装后,应进行试运转试验和验收,确认符合要求并有记录、签字。

(2)起重机经检测合格后可以继续使用,并持有关部门定期核发的准用证。

(3)经检查确认安全装置包括超高限位器、力矩限制器、臂杆幅度指示器及吊钩保险装置均符合要求。当该机说明书中尚有其他安全装置时应按说明书规定进行检查。

2.起重扒杆

(1)起重扒杆的选用应符合作业工艺要求,扒杆的规格尺寸通过设计计算确定,其设计计算应按照有关规范标准进行并经上级技术部门审批。

(2)扒杆选用的材料、截面以及组装形式,必须按设计图纸要求进行,组装后应经有关部门检验确认符合要求。

(3)扒杆与钢丝绳、滑轮、卷扬机等组合好后,应先进行检查、试吊,确认符合设计要求,并做好试吊记录。

4.1.4.4　钢丝绳与地锚

(1)钢丝绳的结构形式、规格、强度要符合机型要求。钢丝绳在卷筒上要连接牢固,且应按顺序整齐排列,当钢丝绳全部放出时,筒上至少要留3圈以上。起重钢丝绳磨损、断丝超标按《起重机械安全规程　第1部分:总则》(GB 6067.1—2010)核查报废。

(2)扒杆滑轮及地面导向滑轮的选用,应与钢丝绳的直径相适应,其直径比值不应小于

15,各组滑轮必须用钢丝绳牢靠固定,滑轮出现翼缘破损等缺陷时应及时更换。

(3)缆风绳应使用钢丝绳,其安全系数 $K=3.5$,其规格应符合施工方案要求,缆风绳应与地锚牢固连接。

(4)地锚的埋设做法应经计算确定,地锚的位置及埋深应符合施工方案要求和扒杆作业时的实际角度。当移动扒杆时,也必须使用经过设计计算的正式地锚,不准随意拴在电杆、树木或构件上。

4.1.4.5　吊点

(1)根据重物的外形、重心及工艺要求选择吊点,并在方案中进行规定。

(2)吊点在重物起吊、翻转、移位等作业中都必须使用,吊点应与重物的重心在同一垂直线上,且吊点应在重心之上(吊点与重物重心的连线和重物的横截面垂直)。应使重物垂直起吊,禁止斜吊。

(3)当采用几个吊点起吊时,应使各吊点的合力作用点在重物重心的位置之上。

必须正确计算每根吊索的长度,使重物在吊装过程中始终保持稳定位置。当构件无吊鼻需用钢丝绳捆绑时,必须对棱角处采取保护措施,防止切断钢丝。

钢丝绳做吊索时,其安全系数 $K=6\sim8$。

4.1.4.6　司机、指挥

(1)起重机司机属特种作业人员,应经正式培训考核并取得合格证书。合格证书或培训内容,必须与司机所驾驶起重机类型相符。

(2)汽车吊、轮胎吊必须由起重机司机驾驶,严禁同车的汽车司机与起重机司机相互替代(司机持有两种证的除外)。

(3)起重机的信号指挥人员应经正式培训考核并取得合格证书。其信号应符合国家标准《起重机　手势信号》(GB/T 5082—2019/ISO 16715:2014)的规定。

(4)起重机在地面,吊装作业在高处进行的条件下,必须专门设置信号传递人员,以确保司机清晰准确地看到和听到指挥信号。

4.1.4.7　地耐力

(1)起重机作业区路面的地耐力应符合该机说明书要求,并应对相应的地耐力报告结果进行审查。

(2)作业道路平整坚实,一般情况下,纵向坡度不大于 3‰,横向坡度不大于 1‰。

行驶或停放时,应与沟渠、基坑边缘保持 5m 以上的距离,且不得停放在斜坡上。

(3)当地面平整度与地耐力不能满足要求时,应采用路基箱、道木等铺垫措施,以确保机车的作业条件。

4.1.4.8　起重作业

(1)起重机司机应对施工作业中所起吊重物重量核实清楚,并有交底记录。

(2)司机必须熟知该机车起吊高度及幅度情况下的实际起吊重量,并清楚机车中各装置的正确使用,熟悉操作规程,做到不超载作业。

(3)作业面平整坚实,支脚全部伸出垫牢,机车平稳不倾斜。

(4)不准斜拉、斜吊。重物启动上升时应缓慢进行,不得突然起吊形成超载。

(5)不得起吊埋于地下和粘在地面或其他物体上的重物。

(6)多台起重机共同工作,必须随时掌握各起重机起升的同步性,单机负载不得超过该机额定起重量的 80%。

（7）起重机首次起吊或重物重量变换后首次起吊时,应先将重物吊离地面 200～300mm 后停住,检查起重机的工作状态,在确认起重机稳定、制动可靠、重物吊挂平稳牢固后,方可继续起升。

4.1.4.9　高处作业

（1）起重吊装处于高处作业时,应按规定设置安全措施防止高处坠落。包括各洞口盖严盖牢,临边作业应搭设防护栏杆、封挂密目网等。结构吊装时,可设置移动式节间安全平网,随节间吊装平网可平移到下一节间,以保护节间高处作业人员的安全。高处作业规范规定:屋架吊装以前,应预先在下弦挂设安全网,吊装完毕后,即将安全网铺设固定。

（2）吊装作业人员在高空移动和作业时,必须系牢安全带。独立悬空作业人员除有安全网的防护外,还应以安全带作为防护措施的补充。例如在屋架安装过程中,屋架的上弦不允许作业人员行走,当走下弦时,必须将安全带系牢在屋架上的脚手杆上(这些脚手杆是在屋架吊装之前临时绑扎的);在行车梁安装过程中,作业人员在行车梁上行走时,其一侧护栏可采用钢索,作业人员将安全带扣牢在钢索上随人员滑行,确保作业人员移动安全。

（3）作业人员上下应有专用爬梯或斜道,不允许攀爬脚手架或建筑物上下。爬梯的制作和设置应符合高处作业规范"攀登作业"的有关规定。

4.1.4.10　作业平台

（1）按照高处作业规范规定:悬空作业处应有牢靠的立足处,并必须视具体情况,配置防护栏网、栏杆或其他安全设施。高处作业人员必须站在符合要求的脚手架或平台上作业。

（2）脚手架或作业平台应有搭设方案,临边应设置防护栏杆和封挂密目网。

（3）脚手架的选材和铺设应严密、牢固并符合脚手架的搭设规定。

4.1.4.11　构件堆放

（1）构件堆放应平稳,底部按设计位置设置垫木。楼板堆放高度一般不应超过 1.6m。

（2）构件多层叠放时,柱子不超过 2 层,梁不超过 3 层,大型屋面板、多孔板 6～8 层,钢屋架不超过 3 层。各层的支承垫木应在同一垂直线上,各堆放构件之间应留不小于 0.7m 宽的通道。

（3）重心较高的构件(如屋架、大梁等),除在底部设垫木外,还应在两侧加设支撑,或将几榀大梁以方木铁丝连成一体,提高其稳定性,侧向支撑沿梁长度方向不得少于 3 道。墙板堆放架应经设计计算确定,并确保满足地面抗倾覆要求。

4.1.4.12　警戒

（1）起重吊装作业前,应根据施工组织设计要求划定危险作业区域,设置醒目的警示标志,防止无关人员进入。

（2）除设置标志外,还应视现场作业环境,专门设置监护人员,防止高处作业或交叉作业时造成的落物伤人事故。

4.1.4.13　操作工

（1）起重吊装作业人员包括起重工、电焊工等均属特种作业人员,必须经有关部门培训考核并颁发合格证书方可操作。

（2）起重吊装工作属专业性强、危险性大的工作,应由经有关部门认证的专业队伍进行,工作时应由有经验的人员担任指挥。

4.1.4.14　常用起重机械的使用安全

1.起重机械安全使用的一般要求

(1)司机和指挥人员要经过专业培训,考核合格后持证上岗。

(2)操作人员对起吊的构件重量不明时要进行核实,不能盲目起吊。

(3)起重机在输电线路近旁作业时,应采取安全保护措施。起重机与架空输电导线间的安全距离应符合施工现场外电线路的安全距离的要求。

(4)一般起重机司机设有 2 个人,1 人在机上进行操作,1 人在机车周围监护。在进行构件安装时可设高空和地面 2 个指挥人员。

(5)起重机使用的钢丝绳,其结构、形式、规格和强度要符合该机型的要求。

2.履带式起重机的安全使用要求

(1)当履带式起重机接近满负荷作业时,要避免将起重机的臂杆回转至与履带成垂直方向的位置,以防失稳,造成起重机倾覆。

(2)在满负荷作业时,不得行车。如需短距离移动,吊车所吊的负荷不得超过允许起重量的 70%,同时所吊重物要在行车的正前方,重物离地距离不大于 500mm,并拴好溜绳,控制重物的摆动,缓慢行驶,方能做到安全作业。

(3)履带式起重机作业时的臂杆仰角,一般不超过 78°,臂杆的仰角过大,易造成起重机后倾或发生将构件拉斜的现象。

(4)起重作业后应将臂杆仰角降至 40°~60°,并转至顺风方向,以防遇大风将臂杆吹向后仰,发生翻车和折杆的事故。

(5)正确安装和使用安全装置。履带式起重机的安全装置有:重量限位器、超高限位器、力矩限制器、防臂杆后仰装置和防臂杆支架。

3.轮胎式起重机的安全使用要求

(1)在不打支腿的情况下作业或吊重行走,需减少起重量。

(2)道路需平整坚实,轮胎的气压要符合要求。

(3)荷载要按原机车性能的规定确定,禁止带负荷长距离行走。

(4)重物吊离地面不得超过 500mm,并拴好溜绳缓慢行驶。

轮胎式起重机的安全装置与履带式起重机相同。

4.汽车式起重机的安全使用要求

(1)作业时利用水平气泡将支承回转面调平,若地面松软不平或在斜坡上工作时,一定要在支腿垫盘下面垫以木块或铁板,也可以在支腿垫盘下备定型规格的铁板,将支腿位置调整好。

(2)一般情况下,汽车式起重机在车前作业区不允许进行吊装作业。

(3)操作中严禁侧拉,防止臂杆侧向受力。

(4)在吊装柱子时,不宜采用滑行法起吊。

(5)起重机在吊下降的重物时,其重量应小于额定负荷的 1/5~1/3。

汽车式起重机的主要安全装置有:力矩限制器、过卷扬装置、水平气泡等。

4.1.4.15　吊装作业的事故隐患及安全技术要求

1.吊装作业的事故隐患及原因分析

(1)没有根据工程情况编制具有针对性的作业方案,或虽有方案但过于简单,不能具体指导作业,且无企业技术负责人的审批。

(2)对选用的起重机械或起重扒杆没有进行检查和试吊,使用中无法满足起吊要求,若强行起吊必然发生事故。

(3)司机、指挥人员和起重工未经培训、无证上岗,不懂专业知识。

(4)钢丝绳选用不当或地锚埋设不合理。

(5)高处作业时无防护措施,造成人员高处坠落或落物伤人。

(6)吊装作业时违章作业,不遵守"十不吊"的要求。

2.吊装作业的安全技术要求

(1)吊装作业前,应根据施工现场的实际情况,编制有针对性的施工方案,并经上级主管部门审批同意后方能施工;作业前,应向参与作业的人员进行安全技术交底。

(2)司机、指挥人员和起重工必须经过培训,经有关部门考核合格后,方能上岗作业。高空作业时必须按高处作业的要求系好安全带,并做好必要的防护工作。

(3)对吊装区域的不安全因素和不安全的环境,要进行检查、清除或采取保护措施。如对输电线路的妨碍,如何确保与高压线路的安全距离;作业区域周围是否涉及主要通道、警戒线的范围、场地的平整度;作业中如遇大风等不利条件时要准备好对策措施。

(4)做好吊装作业前的准备工作是十分重要的,如检查起吊用具和防护设施;对辅助用具的准备、检查;确定吊物回转半径范围、吊物的落点等情况。

(5)吊装中要熟悉和掌握捆绑技术及捆绑的要点。应根据形状确定中心、吊点的数目和绑扎点,捆绑中要考虑用索间的夹角;起吊过程中必须做到满足"十不吊"的规定。各地区对"十不吊"的理解和提法不一样,但绝大部分是保证起重吊装作业的安全要求,参与吊装作业的指挥人员、司机要严格遵守。

(6)严禁任何人在已起吊的构件下停留或穿行,已吊起的构件不准长时间在空中停留。

(7)起重作业人员在吊装过程中要选择安全位置,防止吊物冲击、晃动、坠落伤人事故发生。

(8)起重指挥人员必须坚守岗位,准确、及时传递信号。司机对指挥人员发的信号、吊物的捆绑情况、运行通道、起降的空间,确认无误后才能进行操作。多人捆扎时,只能由一人负责指挥。

(9)采用桅杆吊装时,四周应不准有障碍物,缆风绳不准跨越架空线,如相距过近时,必须搭设防护架。

(10)起吊作业前,应对机械进行检查,安全装置要完好、灵敏。起吊满载或接近满载时,应先将吊物吊至离地500mm处停机检查,检查起重设备的稳定性、制动器的可靠性、吊物的平稳性、绑扎的牢固性,确认无误后方可再行起吊。吊运中起降要平稳,不能忽快忽慢和突然制动。

(11)对自制或改装的起重机械、桅杆起重设备,在使用前,要认真检查和试验、鉴定,确认合格后方准使用。

4.1.5 常用施工机具

4.1.5.1 木工机械

木工机械种类繁多,涉及的安全问题主要是用电安全和机械安全。这里仅介绍平刨和圆盘锯的安全技术要求,其他木工机械在施工时,可参照相应情况考虑其安全问题。

1.平刨

(1)平刨在施工现场应置于木工作业区内,并搭设防护棚。若位于塔吊作业范围内,应搭设双层防坠棚,且在施工组织设计中予以策划和标识,同时在木工棚内落实消防措施、安全操作规程及其责任人。

(2)平刨在进入施工现场前,必须经过建筑安全管理部门验收,确认符合要求后,发给准用证或有验收手续方能使用。设备挂上合格牌。

(3)施工用电必须符合规范要求,要有保护接零装置(TN-S 系统)和漏电保护器。

(4)平刨、电锯、电钻等多用联合机械在施工现场严禁使用。

(5)每台木工平刨上必须装有安全防护装置(护手安全装置及传动部位防护罩),并配有刨小薄料的压板或压棍。

(6)机械运转时,不得进行维修,更不得移动或拆除护手装置进行刨削。

(7)操作人员衣袖要扎紧,不准戴手套。

(8)刨料时应保持身体平稳、双手操作。刨大面时,手应按在斜面上;刨小面时,手指不得低于料高的一半并且不得小于 3cm。不得用手在料后推送。

(9)每次刨削量不得超过 1.5mm,进料速度应均匀,经过刨口时用力要轻,不得在刨刃上方回料。

(10)厚度小于 1.5cm 或长度小于 30cm 的木料不得用平刨机加工。

(11)遇有节疤、戗槎应减慢速度,不得将手按在节疤上推料。刨旧料时必须将铁钉、泥沙等清理干净。

(12)换刀片时应切断电源或摘掉皮带。

2.圆盘锯

(1)圆盘锯在进入施工现场前,必须经过建筑安全管理部门验收,确认符合要求后,发给准用证或有验收手续方能使用。设备应挂上合格牌。

(2)操作前应检查机械是否完好,电气开关等是否良好,熔丝是否符合规格,并检查锯片是否有断裂现象,并装好防护罩,运转正常后方能投入使用。

(3)圆盘锯必须装设分料器,锯片上方应有防护罩、挡板和滴水设备。开料锯和截料锯不得混用。作业前应检查锯片不得有裂口,螺丝必须拧紧。锯片不得连续断齿两个,裂纹长度不得超过 2cm,有裂纹则应在其末端冲上裂孔(阻止裂纹进一步发展)。

(4)操作人员必须戴防护眼镜。作业时应站在锯片一侧,不得与锯片站在同一直线上,以防木料弹出伤人。手臂不得跨越锯片。

(5)必须紧贴靠山送料,不得用力过猛,必须待出料超出锯片 15cm 方可用手接料,不得用手硬拉。木料锯到接近端头时,应由下手拉料接锯,上手不得直接送料,应用木板推送。锯料时不得将木料左右搬动或高抬,送料不宜用力过猛,遇硬节疤应慢推,防止木节弹出伤人。

(6)短窄料应用推棍,接料使用刨钩。严禁锯小于 50cm 长的短料。

(7)木料走偏时,应逐渐纠正或立即切断电源,停车调正后再锯,不得猛力推进或拉出。锯片必须平整,锯口要适当,锯片与主动轴匹配、紧牢。

(8)锯片运转时间过长应用水冷却,直径 60cm 以上的锯片工作时应喷水冷却。

(9)必须随时清除锯台面上的遗料,保持锯台整洁。清除遗料时,严禁直接用手清除。清除锯末及调整部件,必须先切断电源,待机械停止运转后方可进行。

(10)木料若卡住锯片时应立即切断电源,待机械停止运转后方可进行处理。严禁使用木棒或木块制动锯片的方法使机械停止运转。

（11）施工用电必须有保护接零装置和漏电保护器。操作必须采用单向按钮开关，不得安装倒顺开关，无人操作时断开电源。

（12）用电采用三级配电二级保护、三相五线保护接零系统。定期进行检查，注意熔丝的选用，严禁采用其他金属丝作为代替用品。

4.1.5.2　搅拌机

（1）搅拌机在使用前，必须经过有关部门验收，确认符合要求后，方能使用。设备应挂上合格牌。

（2）临时施工用电应做好保护接零，配备漏电保护器，具备三级配电二级保护。

（3）搅拌机应设防砸、防雨、防噪声、防污染棚，若机械设置在塔吊运转作业范围内，必须搭设双层安全防坠棚。

（4）搅拌机的传动部位应设置防护罩。

（5）搅拌机安全操作规程应上墙，明确设备责任人，定期进行安全检查、设备维修和保养。

（6）安装的地方应平整夯实，机械安装要平稳牢固。

（7）各类搅拌机（除反转出料搅拌机外）均为单向旋转进行搅拌，因此，在接电源时应注意搅拌筒转向要与搅拌筒上的箭头方向一致。

（8）开机前，先检查电气设备的绝缘和接地是否良好（如采用保护接地时），皮带轮保护罩是否完整。

（9）工作时，机械应先启动进行试运转，待机械运转正常后再加料搅拌，要边加料边加水，若遇中途停机停电时，应立即将料卸出；不允许中途停机后，再重载启动。

（10）砂浆搅拌机加料时，不准用脚踩或用铁锹、木棒在筒口往下拨、刮拌合料，工具不能碰撞搅拌叶，更不能在转动时，把工具伸进料斗里扒浆。搅拌机料斗下方不准站人，起斗停机时，必须挂上安全钩。

（11）非操作人员，严禁开动机械。

（12）操作手柄应有保险装置；料斗应有保险挂钩。

（13）作业后，要进行全面冲洗，筒内料要出净，料斗降落到坑内最低处。

4.1.5.3　钢筋加工机械

钢筋工程包括钢筋基本加工（除锈、调直、切断、弯曲），钢筋冷加工，钢筋焊接、绑扎和安装等工序。在工业发达国家的现代化生产中，钢筋加工则由自动生产线连续完成。钢筋加工机械主要包括：电动除锈机、机械调直机、钢筋切断机、钢筋弯曲机、钢筋冷加工机械（冷拉机具、拔丝机）、对焊机等。

1.钢筋机械的种类及安全要求

（1）钢筋除锈机械

①使用电动除锈机除锈，要先检查钢丝刷固定螺丝有无松动，检查封闭式防护罩装置及排尘设备的完好情况，防止发生机械伤害。

②使用移动式除锈机，要注意检查电气设备的绝缘及接地是否良好。

③操作人员要将袖口扎紧，并戴好口罩、手套等防护用品，特别是要戴好安全防护眼镜，防止圆盘钢丝刷上的钢丝甩出伤人。

④送料时，操作人员要侧身操作，严禁在除锈机的正前方站人，长料除锈需两人互相呼应，紧密配合。

（2）钢筋调直机械

直径小于 12mm 的盘状钢筋，使用前必须经过放圈、调直工序；局部曲折的直条钢筋，也需调直后使用。这种工作一般利用卷扬机完成。工作量大时，则采用带有剪切机构的自动调直机，不仅生产率高、体积小、劳动条件好，而且能够同时完成钢筋的清刷、矫直和剪切等全部工序，还能矫直高强度钢筋。

钢筋调直方法有三种，即人工拉伸调直、调直机械调直和手工调直。其中人工拉伸调直和调直机械调直的安全要求如下：

①人工拉伸调直

a.用人工绞磨调直钢筋时，绞磨地锚必须牢固，严禁将地锚绳拴在树干、下水井及其他不坚固的物体或建筑物上。

b.人工推转绞磨时，要步调一致，稳步进行，严禁任意撒手。

c.钢筋端头应用夹具夹牢，卡头不得小于 100mm。

d.钢筋产生应力并调直到预定程度后，应缓慢回车卸下钢筋，防止机械伤人。手工调直钢筋，必须在牢固的操作台上进行。

②调直机械调直

a.用机械冷拉调直钢筋，必须将钢筋卡紧，防止断折或脱扣，机械的前方必须设置铁板加以防护。

b.机械开动后，人员应在两侧各 1.5m 以外，不准靠近钢筋行走，以防钢筋断折或脱扣弹出伤人。

（3）钢筋切断机

钢筋的切断方法应视钢筋直径大小而定，直径 20mm 以下的钢筋用手动机床切断，大直径的钢筋则必须用专用机械。手动切断装置一般有固定部分与活动部分，各装 1 个刀片。当刀片产生相对运动后，即可切断钢筋。直径 12mm 以下的钢筋，1 个工人即可切断；直径 12～20mm 的钢筋，则需 2 人才能切断。机动切断设备的工作原理与手动相同，也有固定刀片和活动刀片，后者装在滑块上，依靠偏心轮轴的转动获得往复运动，装在机床内部的曲轴连杆机构推动活动刀片切断钢筋。这种切断机生产率约为每分钟切断 30 根。直径 40mm 以下的钢筋均可切断。切割直径 12mm 以下的钢筋时，每次可切 5 根。其机械切断操作的安全要求如下：

①切断机切割钢筋，料最短不得小于 1m，一次切断的根数，必须符合机械的性能，严禁超量进行切割。

②切断直径 12mm 以上的钢筋，须 2 人配合操作。人与钢筋要保持一定的距离，并应当把稳钢筋。

③断料时料要握紧，并在活动刀片向后退时，将钢筋送进刀口，以防止钢筋末端摆动或钢筋蹦出伤人。

④不要在活动刀片已开始向前推进时，向刀口送料，这样常因措手不及而不能断准尺寸，往往还会发生机械或人身安全事故。

（4）钢筋弯曲机

钢筋弯曲机操作的安全要求如下：

①在机械正式操作前，应检查机械各部件，并进行空载试运转，正常后方能正式操作。

②操作时注意力要集中，要熟悉工作盘旋转的方向，钢筋放置要和挡架、工作盘旋转方向

相配合,不能放反。

③操作时,钢筋必须放在插头的中、下部,严禁弯曲超截面尺寸的钢筋,回转方向必须准确,手与插头的距离不得小于 200mm。

④机械运行过程中,严禁更换芯轴、销子或变换角度等,不准加油和清扫。

⑤转盘换向时,必须待停机后再进行。

(5)钢筋对焊机

钢筋对焊的原理是利用对焊机产生的强电流,使钢筋两端在接触时产生热量,待钢筋两端部出现熔融状态时,通过对焊机加压顶锻,将钢筋连接成一体。它适用于焊接直径为 10～40mm 的Ⅰ、Ⅱ、Ⅲ级钢筋。

根据焊接过程和操作方法的不同,对焊机可分为电阻焊和闪光焊两种。施焊作业时,在对焊机的闪光区域内需设置铁皮挡隔,焊接时其他人员应停留在闪光范围之外,以防火花灼伤;在对焊机上安置活动顶罩,对防止飞溅的火花灼伤操作人员有较好的效果。另外,对焊机工作地点应铺设木板或其他绝缘垫,焊工操作时应站在木板或绝缘垫上,从而与大地相隔离。焊机及金属工作台还应有保护接地装置。钢筋对焊机操作的安全要求如下:

①焊工必须经过专门安全技术和防火知识培训,经考核合格,持证者方准独立操作;徒工操作必须有师傅带领指导,不准独立操作。

②焊工施焊时必须穿戴白色工作服、工作帽、绝缘鞋、手套、面罩等,时刻预防电弧光伤害,并及时通知周围无关人员离开作业区,以防伤害眼睛。

③钢筋焊接工作房应尽可能采用防火材料搭建,在焊接机械四周严禁堆放易燃物品,以免引起火灾。工作棚应备有灭火器材。

④遇 6 级以上大风天气时,应停止高处作业,雨、雪天应停止露天作业;雨雪后,应先清除操作地点的积水或积雪,否则不准作业。

⑤进行大量焊接生产时,焊接变压器不得超负荷,变压器升温不得超过 60℃,为此,要特别注意遵守焊机暂载率规定,以免过分发热而损坏。

⑥焊接过程中,如焊机有不正常响声,变压器绝缘电阻过小,导线破裂、漏电等,应立即停止使用,进行检修。

⑦对焊机断路器的接触点、电极(铜头),要定期检查修理。冷却水管应保持畅通,不得漏水和超过规定温度。

2.钢筋加工机械安全事故的预防措施

(1)钢筋加工机械在使用前,必须经过调试,运转正常,并经建筑安全管理部门验收,确认符合要求,颁发准用证或有验收手续后,方可正式使用。设备挂上合格牌。

(2)钢筋加工机械应由专人使用和管理,安全操作规程上墙,明确责任人。

(3)施工用电必须符合规范要求,做好保护接零,配置相应的漏电保护器。

(4)钢筋冷作业区与对焊作业区必须有安全防护设施。

(5)钢筋加工机械各传动部位必须有防护装置。

(6)在塔吊作业范围内,钢筋作业区必须设置双层安全防坠棚。

4.1.5.4 手持电动工具

建筑施工中,手持电动工具常用于木材加工中的锯割、钻孔、刨光、磨光、剪切及混凝土浇捣过程的振捣作业等。电动工具按其触电保护分为Ⅰ类、Ⅱ类、Ⅲ类。

Ⅰ类工具在防止触电保护方面不仅依靠基本绝缘,而且它还包含一个附加的安全预防措施,使可触及的可导电的零件在基本绝缘损坏的情况下不成为带电体。

Ⅱ类工具在防止触电保护方面不仅依靠基本绝缘,而且它还提供双重绝缘或加强绝缘的附加安全预防措施和没有保护接地或依赖安装条件的措施。

Ⅲ类工具在防止触电保护方面依靠由安全特低电压供电和在工具内部不会产生比安全特低电压高的高压。其电压一般为 36V。

1. 安全隐患

手持电动工具的安全隐患主要存在于下述电气方面,易发生触电事故。

(1)未设置保护接零和二级漏电保护器,或保护失效。

(2)电动工具绝缘层破损而产生漏电。

(3)电源线和随机开关箱不符合要求。

(4)工人违反操作规定或未按规定穿戴绝缘用品。

2. 安全要求

(1)工具上的接零或接地要齐全有效,随机开关灵敏可靠。

(2)电源进线长度应控制在标准范围内,以符合不同的使用要求。

(3)必须按三类手持式电动工具来设置相应的二级漏电保护,而且末级漏电动作电流分别不大于:Ⅰ类手持电动工具(金属外壳)为 30mA(绝缘电阻≥2mΩ);Ⅱ类手持电动工具(绝缘外壳)为 15mA(绝缘电阻 7mΩ);Ⅲ类手持电动工具(采用安全电压 36V 以下)为 15mA。

(4)使用Ⅰ类手持电动工具必须按规定穿戴绝缘用品或站在绝缘垫上。

(5)电动工具不适宜在含有易燃、易爆或腐蚀性气体及潮湿等特殊环境中使用,并应存放于干燥、清洁和没有腐蚀性气体的环境中。对于非金属壳体的电机、电器,在存放和使用时应避免与汽油等溶剂接触。

3. 预防措施

(1)手持电动工具在使用前,必须经过建筑安全管理部门验收,确定符合要求后,颁发准用证或有验收手续方能使用。设备挂上合格牌。

(2)一般场所选用Ⅱ类手持电动工具,并装设额定动作电流不大于 15mA、额定漏电动作时间小于 0.1s 的漏电保护器。若采用Ⅰ类手持电动工具还必须做保护接零。

露天、潮湿场所或在金属构架上操作时,必须选用Ⅱ类手持电动工具,并装设防溅的漏电保护器。严禁使用Ⅰ类手持电动工具。

狭窄场所(锅炉、金属容器、地沟、管道内等),宜选用带隔离变压器的Ⅲ类手持电动工具;若选用Ⅱ类手持电动工具,必须装设防溅的漏电保护器,把隔离变压器或漏电保护器装设在狭窄场所外面,工作时应有专人监护。

(3)手持电动工具的负荷线必须采用耐气候型的橡皮护套铜芯软电缆,并不得有接头。

(4)手持电动工具的外壳、手柄、负荷线、插头、开关等必须完好无损,使用前必须做空载试验,运转正常方可投入使用。

(5)电动工具在使用中不得任意调换插头,更不能不用插头,而将导线直接插入插座内。当电动工具不用或需调换工作头时,应及时拔下插头,但不能拉着电源线拔下插头。插插头时,开关应处在断开位置,以防突然启动。

(6)使用过程中要经常检查,如发现绝缘损坏、电源线或电缆护套破裂、接地线脱落、插头插座开裂、接触不良以及断续运转等故障时,应立即修理,否则不得使用。移动电动工具时,必须握持工具的手柄,不能用拖拉橡皮软线等方式来搬动工具,并随时注意防止橡皮软线擦破、割断和轧坏现象,以免造成人身事故。

(7)长期搁置未用的电动工具,使用前必须用500V兆欧表测定绕阻与机壳之间的绝缘电阻值,应不得小于7MΩ,否则须进行干燥处理。

4.1.5.5　打桩机械

桩基础是建筑物及构筑物的基础形式之一,当天然地基的强度不能满足设计要求时,往往采用桩基础。桩基础通常由若干根单桩组成,在单桩的顶部用承台连接成一个整体,构成桩基础。桩基工程施工所用的机械主要是桩机。

桩根据其工艺特点分为预制桩和灌注桩,预制桩根据施工工艺不同,又分为打入桩、静力压桩、振动沉桩等;灌注桩根据成孔的施工工艺不同,又分为钻孔、冲击成孔、冲抓成孔、套管成孔、人工挖孔等。

桩的施工机械种类繁多,配套设施也较多,施工安全问题主要涉及用电、机械、安全操作、空中坠物等因素。这里只讲述打桩机的施工安全使用要求及预防措施。

打桩机一般由桩锤、桩架、动力装置及辅助设备组成。桩锤的作用是对桩施加冲击,将桩打入土中;桩架的作用是将桩吊到打桩位置,并在打入过程中引导桩的方向,保证桩沿着所要求的方向冲击;动力装置及辅助设备的作用是驱动桩锤,辅助打桩施工。

1. 安全使用要求

(1)桩机使用前应全面检查机械及相关部件,并进行空载试运转,严禁设备带“病”工作。

(2)各种桩机的行走道路必须平整坚实,以保证移动桩机时的安全。

(3)起动电压降一般不超过额定电压的10%,否则要加大导线截面。

(4)雨天施工,电机应有防雨措施。遇到大风、大雾和大雨时,应停止施工。

(5)设备应定期进行安全检查和维修保养。

(6)高处检修时,不得向下乱丢物件。

2. 安全事故预防措施

(1)打桩机械在使用前,必须经过建筑安全管理部门验收,确认符合要求后,颁发准用证或有验收手续方能使用。设备挂上合格牌。

(2)临时施工用电应符合规范要求。

(3)打桩机应设有超高限位装置。

(4)打桩作业要有施工方案。

(5)打桩安全操作规程应上牌,并认真遵守,明确责任人。

(6)具体操作人员应经培训教育和考核合格,持证并经安全技术交底后,方能上岗作业。

4.1.5.6　气瓶使用安全知识

1. 事故隐患

气瓶爆炸,引发火灾和人员伤亡。

2. 安全使用要求

(1)焊接设备的各种气瓶均应有不同的安全色标:氧气瓶(天蓝色瓶、黑字)、乙炔瓶(白色瓶、红字)、氢气瓶(绿色瓶、红字)、液化石油气瓶(银灰色瓶、红字)。

(2)不同类的气瓶,瓶与瓶之间的间距不小于5m,气瓶与明火距离不小于10m。当不满足安全距离要求时应用非燃烧体或难燃烧体砌成的墙进行隔离防护。

(3)乙炔瓶使用或存放时只能直立,不能平放。乙炔瓶瓶体温度不能超过 40℃。

(4)施工现场的各种气瓶应集中存放在具有隔离措施的场所,存放环境应符合安全要求,管理人员应经培训,存放处应有安全规定和标志。班组在使用过程中零散存放时,不能存放在住宿区和靠近油料和火源的地方。存放区应配备灭火器材。氧气瓶与其他易燃气瓶、油脂和其他易燃易爆物品分别存放,也不得同车运输。氧气瓶与乙炔瓶不得存放在同一仓库内。

(5)使用和运输过程中,应随时检查气瓶防震圈的完好情况,为保护瓶阀,应装气瓶防护帽。

(6)禁止敲击、碰撞气瓶,以免损伤和损坏气瓶;夏季要防止曝晒。

(7)冬天瓶阀冻结时,宜用热水或其他安全的方式解冻,不准用明火烘烤,以免气瓶材质的机械特性变坏和气瓶内压增高。

(8)瓶内气体不能用尽,必须留有剩余压力。可燃气体和助燃气体的余压宜留 0.49MPa(5kgf/cm²)左右,其他气体气瓶的余压可低些。

(9)不得用电磁起重机搬运气瓶,以免失电时气瓶从高空坠落而致气瓶损坏和爆炸。

(10)盛装易发生聚合反应气体的气瓶,不得置于有放射性射线的场所。

4.1.5.7　电焊机使用安全知识

1.事故隐患

焊接作业可能发生的安全事故主要是机械伤害、火灾、触电、灼伤和中毒等事故。

2.安全使用要求

(1)交、直流电焊机应空载合闸启动,直流发电机式电焊机应按规定的方向旋转,带有风机的要注意风机旋转方向是否正确。

(2)电焊机在接入电网时须注意电压应相符,多台电焊机同时使用应分别接在三相电网上,尽量使三相负载平衡。

(3)电焊机需要并联使用时,应将一次线并联接入同一相位电路中;二次侧也需同相相连,对二次侧空载电压不等的电焊机,应经调整使之相等后才可使用,否则不能并联使用。

(4)电焊机二次侧把线、地线要有良好的绝缘特性,柔性好,导电能力要与焊接电流相匹配,宜使用 YHS 型橡胶皮护套铜芯多股软电缆,长度不大于 30m,操作时电缆不宜成盘状,否则将影响焊接电流。

(5)多台电焊机同时使用时,当需拆除某台时,应先断电后在其一侧验电,在确认无电后方可进行拆除工作。

(6)所有交、直流电焊机的金属外壳,都必须采取保护接地或接零。焊接的金属设备、容器本身有接地、接零保护时,禁止电焊机的二次绕组没有接地或接零。

(7)多台电焊机的接地、接零线不得串接接入接地体,每台电焊机应设独立的接地、接零线,其接点应用螺丝压紧。

(8)每台电焊机须设专用断路开关,并有与电焊机相匹配的过流保护装置;一次线与电源接点不宜用插销连接,其长度不得大于 5m,且须双层绝缘。

(9)电焊机二次侧把线、地线需接长使用时,应保证搭接面积,接点处用绝缘胶带包裹好,接点不宜超过两处;严禁使用管道、轨道及建筑物的金属结构或其他金属物体串接起来作为地线使用。

(10)电焊机的一次、二次接线端应有防护罩,且一次接线端需用绝缘胶带包裹严密;二次接线端必须使用线卡子压接牢固。

(11)电焊机应放置在干燥和通风的地方(水冷式除外),露天使用时其下方应防潮,且高于周围地面;上方应设防雨篷和有防砸措施。

(12)焊接操作及配合人员必须按规定穿戴劳动防护用品。

(13)高空焊接或切割时,必须系好安全带,焊接周围和下方应采取防火措施,并有专人监护等,施焊压力容器、密闭容器等危险容器时,应严格按操作规程执行。

4.1.5.8　潜水泵使用安全知识

1.事故隐患

潜水泵保护装置不灵敏、使用不合理,易造成漏电伤亡事故。

2.安全使用要求

(1)潜水泵外壳必须做保护接零(接地),开关箱中装设漏电保护设施(15mA×0.1s),工作地点周围 30m 水面以内不得有人、畜进入。

(2)泵的保护装置应稳固灵敏。泵应放在坚固的篮筐里再放入水中,或在泵的四周设立坚固的防护围网,泵应直立于水中,水深不得小于 0.5m,不得在含泥沙的混水中使用。泵放入水中或提出水面时,应先切断电源,严禁拉拽电缆或出水管。

思考与练习

1.塔式起重机有哪些安全装置?

2.简述井架与龙门架的常见安全隐患及原因。

3.简述起重机械安全使用的一般要求。

任务 2　施工安全用电管理

1.了解施工现场临时用电管理要求及原则。

2.熟悉施工现场安全用电常识、安全用电防护技术、施工现场的防雷接地要求。

能根据《建筑施工安全检查标准》(JGJ 59—2011)中的施工用电安全检查评分表对施工用电组织安全检查和评分。

1.养成岗前、岗后严格检查落实的工作意识。

2.培养用电专人专管的工作习惯。

4.2.1　建筑施工安全用电管理的要求

4.2.1.1　临时用电施工组织设计

施工现场必须按工程特点编制施工临时用电施工组织设计(或方案),并由主管部门审核后实施。临时用电施工组织设计必须包括如下内容:

(1)用电机具明细表及负荷计算书;

(2)现场供电线路及用电设备布置图,布置图应注明线路架设方式,导线、开关电器、保护电器、控制电器的型号及规格,接地装置的设计计算及施工图;

(3)发、配电房的设计计算,发电机组与外电连锁方式;

(4)大面积的施工照明,150 人及以上居住的生活照明用电的设计计算及施工图纸;

(5)安全用电检查制度及安全用电措施(应根据工程特点有针对性地编写)。

4.2.1.2　专人负责

各施工现场必须设置一名电气安全负责人,电气安全负责人应由技术好、责任心强的电气技术人员或工人担任,其责任是负责该施工现场日常安全用电管理。如图 4.8、图 4.9 所示。

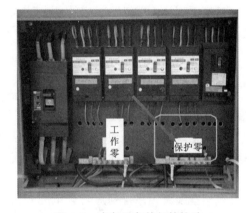

图 4.8　临电安全检查　　　　　　　图 4.9　电气设备的保护接地

(1)施工现场的一切电气线路、用电设备的安装和维护必须由持证电工负责,并严格执行施工组织设计的规定。

(2)施工现场视工程量大小和工期长短,必须配备足够的(不少于 2 名)持有市、地劳动安全监察部门核发电工证的电工。

(3)施工现场使用的大型机电设备,进场前应通知主管部门派员鉴定,合格后才允许运进施工现场安装使用,严禁不符合安全要求的机电设备进入施工现场。

(4)一切移动式电动机具(如潜水泵、振动器、切割机、手持电动机具等)机身必须写上编号,检测绝缘电阻和检查电缆外绝缘层、开关、插头及机身是否完整无损,并列表报主管部门检查,合格后才允许使用。

(5)施工现场严禁使用明火电炉(包括电工室和办公室)、多用插座及分火灯头,220V 的施工照明灯具必须使用护套线。

(6)施工现场应设专人负责临时用电的安全技术档案管理工作。临时用电安全技术档案应包括的内容为:临时用电施工组织设计,临时用电安全技术交底,临时用电安全检测记录,电工维修工作记录。

4.2.2　施工现场临时用电安全管理

4.2.2.1　外电防护安全管理

(1)在建工程不得在高、低压线路下方施工、搭设作业棚和生活设施及堆放构件和材料等。在架空线路一侧施工时,在建工程(含脚手架)的外缘应与架空线路边线之间保持安全操作距离,安全操作距离不得小于表 4.2 的数值。

表 4.2　最小安全操作距离

架空线路电压等级(kV)	<1	1~10	35~110	220	330~500
最小安全操作距离(m)	4	6	8	10	15

注:上、下脚手架的斜道不宜设在有外电线路的一侧;起重机的任何部位或被吊物边缘与10kV以下的架空线路边缘最小水平距离不得小于2m。

(2)旋转臂式起重机的任何部位或被吊物边缘与10kV以下的架空线路边缘的最小距离不得小于2m。

(3)施工现场开挖非热管道沟槽的边缘与埋地外电缆沟槽之间的距离不得小于0.5m。

(4)施工现场不能满足规定的最小距离时,必须按现行行业规范的规定搭设防护设施并设置警示标志。在架空线路一侧或上方搭设或拆除防护屏障等设施时,必须停电后作业,并设监护人员。

4.2.2.2　配电线路安全管理

(1)架空线路宜采用木杆或混凝土杆,混凝土杆不得露筋,不得有环向裂纹和扭曲,木杆不得腐朽,其梢径不得小于130mm。

(2)架空线路必须采用绝缘铜线或铝线,且必须架设在电杆上,并经横担和绝缘子架设在专用电杆上;架空导线截面应满足计算负荷、线路末端电压偏移(不大于5%)和机械强度要求;严禁架设在树木或脚手架上。

(3)架空线路相序排列应符合下列规定:在同一横担架设时,面向负荷侧,从左起为L1、N、L2、L3。和保护零线在同一横担架设时,线路相序排列是,面向负荷侧,从左起为L1、N、L2、L3、PE。动力线、照明线在两个横担架设时,上层横担:面向负荷侧,从左起为L1、L2、L3;下层横担从左起为L1(L2、L3)、N、PE;架空敷设挡距不应大于35m,线间距离不应小于0.3m,横担间最小垂直距离:高压与低压直线杆为1.2m,分支或转角杆为1.0m;低压与低压直线杆为0.6m,分支或转角杆为0.3m。

(4)架空线敷设高度应满足下列要求:距施工现场地面不小于4m;距机动车道不小于6m;距铁路轨道不小于7.5m;距暂设工程和地面堆放物顶端不小于2.5m;距交叉电力线路:0.4kV线路不小于1.2m,10kV线路不小于2.5m。

(5)施工用电电缆线路应采用埋地或架空敷设,不得沿地面明设;埋地敷设深度不应小于0.6m,并应在电缆上下各均匀铺设不少于50mm厚的细砂,然后铺设砖等硬质保护层;穿越建筑物、道路等易受损伤的场所时,应另加防护套管;架空敷设时,应沿墙或电杆做绝缘固定,电缆最大弧垂处距地面不得小于2.5m;在建工程内的电缆线路应采用电缆埋地穿管引入,沿工程竖井、垂直孔洞逐层固定,电缆水平敷设高度不应小于1.8m。

(6)照明线路上的每一个单相回路上,灯具和插座数量不宜超过25个,并应装设熔断电流为15A及以下的熔断保护器。

4.2.3　施工现场临时用电的接地与防雷

人身触电事故的发生,一般分为下列两种情况:一是人体直接触及或过分靠近电气设备的带电部分;二是人体碰触平时不带电、因绝缘损坏而带电的金属外壳或金属架构。针对这两种人身触电情况,必须对电气设备本身采取措施,以及在从事电气工作时采取妥善的保证人身安全的技术措施和组织措施。

1.保护接地和保护接零

如图 4.9 所示,电气设备的保护接地和保护接零是为防止人身触及绝缘损坏的电气设备所引起的触电事故而采取的技术措施。接地和接零保护方式是否合理,关系到人身安全,对供电系统能否正常运行也有影响。因此,正确地运用接地和接零保护是电气安全技术中的重要内容。

接地,通常是利用接地体与土壤接触来实现的。将金属导体或导体系统埋入土壤中,就构成一个接地体。工程上,接地体除专门埋设外,有时还利用兼作接地体的已有的各种金属构件、金属井管、钢筋混凝土建(构)筑物的基础、非燃物质用的金属管道和设备等,这种接地称为自然接地体。用作连接电气设备和接地体的导体称为接地线,例如电气设备上的接地螺栓,机械设备的金属构架,以及在正常情况下不载流的金属导线等。接地体与接地线的总和称为接地装置。接地类别如下:

(1)工作接地:在电气系统中,因运行需要的接地(例如三相供电系统中,电源中性点的接地)称为工作接地。在工作接地的情况下,大地被视为一根导线,而且能够稳定设备导电部分对地电压。

(2)保护接地:在电力系统中,因漏电保护需要,将电气设备在正常情况下不带电的金属外壳和机械设备的金属构件(架)接地,称为保护接地。

(3)重复接地:在中性点直接接地的电力系统中,为了保证接地的作用和效果,除在中性点处直接接地外,在中性线上一处或多处再接地,称为重复接地。

(4)防雷接地:防雷装置(避雷针、避雷器、避雷线等)的接地,称为防雷接地。设置防雷接地的主要作用是雷击防雷装置时,将雷击电流泄入大地。

2.施工用电基本保护系统

施工用电应采用中性点直接接地的 380/220V 三相五线制低压电力系统,其保护方式应符合下列规定:施工现场由专用变压器供电时,应将变压器低压侧中性点直接接地,并采用 TN-S 接零保护系统;施工现场由专用发电机供电时,必须将发电机的中性点直接接地,并采用 TN-S 接零保护系统,且应独立设置;当施工现场直接由市电(电力部门变压器)等非专用变压器供电时,其基本接地、接零方式应与原有市电供电系统保持一致。在同一供电系统中,不得一部分设备做保护接零,另一部分设备做保护接地。

在供电端为三相五线供电的接零保护(TN)系统中,应将进户处的中性线(N 线)重复接地,同时由接地点另引出保护零线(PE 线),形成局部 TN-S 接零保护系统。

3.施工用电保护接零与重复接地

在接零保护系统中,电气设备的金属外壳必须与保护零线(PE 线)连接。保护零线应符合下列规定:

保护零线应自专用变压器、发电机中性点处,或配电室、总配电箱进线处的中性线(N 线)

上引出。保护零线的统一标志为绿/黄双色绝缘导线,在任何情况下不得使用绿/黄双色线做负荷线。保护零线(PE线)必须与工作零线(N线)相隔离,严禁保护零线与工作零线混接、混用。保护零线上不得装设控制开关或熔断器。保护零线的截面不应小于对应工作零线截面,与电气设备相连接的保护零线截面不应小于 2.5mm² 的多股绝缘铜线。保护零线的重复接地点不得少于三处,应分别设置在配电室或总配电箱处,以及配电线路的中间处和末端处。

4.施工用电接地电阻

施工用电接地电阻包括接地线电阻、接地体电阻及土壤中的散流电阻。由于接地线和接地体本身的电阻很小(因导线较短,接地良好),可忽略不计。因此,一般认为接地电阻就是散流电阻,它的数值等于对地电压与接地电流之比。接地电阻分为冲击接地电阻、直接接地电阻和工频接地电阻,在用电设备保护中一般采用工频接地电阻。

电力变压器或发电机的工作接地电阻值不应大于 4Ω。在 TN 接零保护系统中,重复接地电阻应与保护零线连接,每处重复接地电阻值不应大于 10Ω。

5.施工现场的防雷保护

多层与高层建筑施工应充分重视防雷保护。由于多层与高层建筑施工中,其四周的起重机、门式架、井字架、脚手架突出建筑很高,材料堆积也多,万一遭受雷击,不但会对施工人员造成生命危险,而且容易引起火灾,造成严重事故。

多层与高层建筑施工期间,应注意采取以下防雷措施:

(1)由于建筑物的四周有起重机,起重机最上端必须装设避雷针,并应将起重机钢架连接于接地装置上。接地装置应尽可能利用永久性接地系统。如果是水平移动的塔式起重机,其地下钢轨必须可靠地接到接地系统上。起重机上装设的避雷针,应能保护整个起重机及其电力设备。

(2)沿建筑物四角和四边竖起的木、竹架子上,应设数根避雷针并接到接地系统上,针长至少应高出木、竹架子 3.5m,避雷针之间的间距以 24m 为宜。对于钢脚手架,应注意连接可靠并要可靠接地。如施工阶段的建筑物当中有突出高点,应如上述加装避雷针。雨期施工,应随脚手架的接高加高避雷针。

(3)建筑工地的井字架、门式架等垂直运输架上,应将一侧的中间立杆接高,高出顶墙2m,作为接闪器,并在该立杆下端设置接地线,同时应将卷扬机的金属外壳可靠接地。

(4)应随时将每层楼的金属门窗(钢门窗、铝合金门窗)和现浇混凝土框架(剪力墙)的主筋可靠连接。

(5)施工时应按照正式设计图纸的要求,先安装完接地设备。同时,应当注意跨步电压的问题。

(6)在开始架设结构骨架时,应按图纸规定,随时将混凝土柱子的主筋与接地装置连接,以防施工期间遭到雷击而被破坏。

(7)应随时将金属管道及电缆外皮在进入建筑物的进口处与接地设备连接,并应把电气设备的铁架及外壳连接在接地系统上。

(8)防雷装置的避雷针(接闪器)可采用 $\phi20$ 钢筋,长度应为 $1\sim2m$;当利用金属构架做引下线时,应保证构架之间的电气连接;防雷装置的冲击接地电阻值不得大于 30Ω。

4.2.4　配电箱及开关箱

（1）配电室,总配电箱以下设分配电箱,分配电箱以下设开关箱,开关箱以下是用电设备。配电箱应做如图 4.10、图 4.11 所示的安全防护。

图 4.10　配电箱防护棚

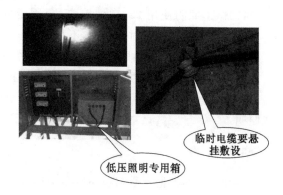

图 4.11　施工现场低压照明系统

（2）施工用电配电箱、开关箱中应装设电源隔离开关、短路保护器、过载保护器,其额定值和动作整定值应与其负荷相适应。总配电箱、开关箱中还应装设漏电保护器。

（3）施工用电动力配电与照明配电宜分箱设置,当合置在同一箱内时,动力与照明配电应分路设置。

（4）施工用电配电箱、开关箱应采用铁板(厚度为 1.2～2.0mm)或阻燃绝缘材料制作,不得使用木质配电箱、开关箱及木质电气安装板。

（5）施工用电配电箱、开关箱应装设在干燥、通风、无外来物体撞击的地方,其周围应有足够 2 人同时工作的空间和通道。

（6）施工用电移动式配电箱、开关箱应装设在坚固的支架上,严禁在地面上拖拉。

（7）施工用电开关箱应实行"一机一闸"制,不得设置分路开关。开关箱中必须设漏电保护器,实行"一漏一箱"制。

（8）施工用电漏电保护器的额定漏电动作参数的选择应符合下列规定:

在开关箱(末级)内的漏电保护器,其额定漏电动作电流不应大于 30mA,额定漏电动作时间不应大于 0.1s;使用于潮湿场所时,其额定漏电动作电流应不大于 15mA,额定漏电动作时间不应大于 0.1s。总配电箱内的漏电保护器,其额定漏电动作电流应大于 30mA,额定漏电动作时间应大于 0.1s,但其额定漏电动作电流 I 与额定漏电动作时间 t 的乘积不应大于 30mA · s($I \cdot t \leqslant 30$mA · s)。

（9）加强对配电箱、开关箱的管理,防止误操作造成危害,所有配电箱、开关箱应在其箱门处标注编号、名称、用途和分路情况。

4.2.5　现场照明

（1）单相回路的照明开关箱内必须装设漏电保护器。

（2）照明灯具的金属外壳必须做保护接零。

（3）施工照明室外灯具距地面不得低于 3m,室内灯具距地面不得低于 2.4m。

（4）一般场所,照明电压应为 220V。隧道、人防工程、高温、有导电粉尘和狭窄场所,照明电压不应大于 36V。

（5）潮湿和易触及照明线路场所，照明电压不应大于 24V。特别潮湿、导电良好的地面、锅炉或金属容器内，照明电压不应大于 12V，如图 4.11 所示。

（6）手持灯具应使用 36V 以下电源供电。灯体与手柄应坚固、绝缘良好并耐热和耐潮湿。

（7）施工照明使用 220V 碘钨灯，应固定安装，其高度不应低于 3m，距易燃物不得小于 500mm，并不得直接照射易燃物，不得将 220V 碘钨灯做移动照明。

（8）施工用电照明器具的形式和防护等级应与环境条件相适应。

（9）需要夜间或暗处施工的场所，必须配置应急照明电源。

（10）夜间可能影响行人、车辆、飞机等安全通行的施工部位或设施、设备，必须设置红色警戒照明。

4.2.6　电气装置

（1）闸具、熔断器参数与设备容量应匹配。手动开关电器只许用于直接控制照明电路和容量不大于 5.5kW 的动力电路。容量大于 5.5kW 的动力电路应采用自动开关电器或降压启动装置控制。各种开关的额定值应与其控制用电设备的额定值相适应。

（2）熔断器的熔体更换时，严禁使用不符合原规格的熔体代替。

4.2.7　变配电装置

（1）配电室应靠近电源，并应设在无灰尘、无蒸汽、无腐蚀性介质及无振动的地方。成列的配电屏（盘）和控制屏（台）两端应与重复接地线及保护零线做电气连接。

（2）配电室和控制室应能自然通风，并应采取防止雨雪和动物出入的措施。

（3）配电室应符合下列要求：

①配电屏（盘）正面的操作通道宽度，单列布置不小于 1.5m，双列布置不小于 2.0m；

②配电屏（盘）后的维护通道宽度不小于 0.8m（个别地点有建筑物结构凸出的部分，则此点通道的宽度可不小于 0.6m）；

③配电屏（盘）侧面的维护通道宽度不小于 1m；

④配电室的天棚距地面不低于 3m；

⑤在配电室内设值班或检修室，该室距配电屏（盘）的水平距离大于 1m，并采取屏蔽隔离措施；

⑥配电室的门向外开，并配锁；

⑦配电室内的裸母线与地面垂直距离小于 2.5m 时，采用遮栏隔离，遮栏下面通行道的高度不小于 1.9m；

⑧配电室的围栏上端与上方带电部分的垂直净距，不小于 0.75m；

⑨配电装置的上端距天棚不小于 0.5m；

⑩母线均应涂刷有色油漆［以屏（盘）的正面方向为准］，其涂色应符合《施工现场临时用电安全技术规范》（JGJ 46—2005）中母线涂色表的规定。

（4）配电室的建筑物和构筑物的耐火等级应不低于 3 级，室内应配置砂箱和绝缘灭火器。配电屏（盘）应装设有功、无功电度表，并应分路装设电流、电压表。电流表与计费电度表不得共用一组电流互感器。配电屏（盘）应装设短路、过负荷保护装置和漏电保护器。配电屏（盘）

上的各配电线路应编号,并标明途记记。配电屏(盘)或配电线路维修时,应悬挂停电标志牌。停、送必须由专人负责。

(5)电压为 400/230V 的自备发电机组及其控制、配电、修理室等,在保证电气安全距离和满足防火要求的情况下,可合并设置也可分开设置。发电机组的排烟管道必须伸出室外。发电机组及其控制配电室内严禁存放储油桶。发电机组电源应与外电线路电源连锁,严禁并列运行。发电机组应采用三相四线制中性点直接接地系统,并须独立设置,其接地电阻不得大于 4Ω。

4.2.8 安全用电知识

(1)进入施工现场,不要接触电线、供配电线路以及工地外围的供电线路。遇到地面有电线或电缆时,不要用脚去踩踏,以免意外触电。

(2)看到下列标志牌时,要特意留意,以免触电:

① 当心触电;

② 禁止合闸;

③ 止步,高压危险。

(3)不要擅自触摸、乱动各种配电箱、开关箱、电气设备等,以免发生触电事故。

(4)不能用潮湿的手去扳开关或触摸电气设备的金属外壳。

(5)衣物或其他杂物不能挂在电线上。

(6)施工现场的生活照明应尽量使用荧光灯。使用灯泡时,不能紧挨着衣物、蚊帐、纸张、木屑等易燃物品,以免发生火灾。施工中使用手持行灯时,要用 36V 以下的安全电压。

(7)使用电动工具之前要检查外壳,导线绝缘皮如有破损要请专职电工检修。

(8)电动工具的线不够长时,要使用电源拖板。

(9)使用振捣器、打夯机时,不要拖拽电缆,要有专人收放。操作者要戴绝缘手套、穿绝缘靴等防护用品。

(10)使用电焊机时要先检查拖板线的绝缘好坏,电焊时要戴绝缘手套、穿绝缘靴等防护用品。不要直接用手去碰触正在焊接的工件。

(11)使用电锯等电动机械时,要有防护装置,防止受到机械伤害。

(12)电动机械的电缆不能随地拖放,如果无法架空只能放在地面时,要加盖板保护,防止电缆受到外界的损伤。

(13)开关箱周围不能堆放杂物,并悬挂图 4.12 所示的安全标示牌。拉合闸刀时,旁边要有人监护。收工后要锁好开关箱。

(14)使用电器时,如遇跳闸或熔丝熔断时,不要自行更换或合闸,要由专职电工进行检查。

4.2.9 临时用电设施检查与验收

1. 验收事项

电气线路、用电设备安装完工后,必须会同主管单位的质量安全、动力部门进行验收,合格(填写验收表格)后才允许通电投入运行。验收时应重点检查下列内容:

(1)开关、插座的接线是否正确及牢固可靠,各级开关的熔体规格大小是否与开关和被保护的线路或设备相匹配;

围栏上设标志牌（当心触电）、用电管理制度牌，栏内放置一个干粉灭火器。引出线要加护管。

图 4.12　配电箱围栏

（2）各级漏电开关的动作电流、动作时间是否达到设计要求；

（3）对接地电阻（工作接地电阻、保护接地电阻、重复接地电阻）进行测量；

（4）保护接零（地）所用导线规格是否符合设计要求，接零（地）线与设备的金属外壳、接地装置的连接是否牢固可靠，对电气线路、用电设备绝缘电阻进行测量。

2. 验收程序及时间

施工现场临时用电的验收可分部分项进行。

现场电气设备必须按下面规定的时间定期检查，并列表报主管单位备查。

（1）每天上班前检查的内容

①保护潜水泵的漏电开关（应上午、下午上班前检查）；

②保护一般水泵、振动器及手持电动工具的漏电开关；

③潜水泵各相绕组对外壳的绝缘电阻（绝缘电阻小于 $2M\Omega$ 的潜水泵严禁使用）；

④一般水泵、振动器、潜水泵的电缆引线的外绝缘层、开关、机身是否完整无损（上述内容有缺陷必须维修后才允许使用）；

⑤一般水泵、振动器、潜水泵电源插头的保护接零（地）桩头至机身的电阻（电阻大于 0.5Ω 时严禁使用）。

（2）每周检查一次的内容

固定安装的分配电箱的漏电开关，保护非移动设备的漏电开关。

（3）每月检查一次的内容

现场全部配电箱内的电气器具及其接线，保护总干线的漏电开关。

（4）每半年检查一次的内容

接地电阻、全部电气设备的绝缘电阻。

以上各项检查的内容必须按表格要求记录。

【例 4.1】　　　　　　　　　　**施工现场临电验收单**

年　　月　　日

单位名称　　　　　　　　　　　　　　工程名称

临时供用电时间:自　　年　　月　　日至　　年　　月　　日

项目	检查情况	项目	检查情况
变配电措施		手动工具及设备绝缘	
三相五线制配电线路			
闸箱坚固、完整、位置合理			
闸箱配盘、闸具完好			
设备、线路受漏电器保护			

验收结论

安全部门签章　　　　　方案制订　　　　　　工长签章　　　　　电气负责人签章
(电气工程师)　　　　　人 签 章

3. 交底验收制度的基本内容

(1)施工现场的一切用电设备的使用必须严格执行施工组织设计。施工时,设计者必须到现场向电气工人进行技术、安全、质量交底。

(2)干线、电力计算负荷大于 40kV·A 的分干线及其配电装置、发电房完工后,现场必须会同设计者、动力及技术安全部门共同检查验收,合格后才允许通电运行。

(3)总容量在 30kW 及以上的单台施工机械或在技术、安全方面有特殊要求的施工机械,安装后应会同动力部门检查验收,合格后才允许通电投入运行。

(4)接地装置必须在线路及其配电装置投入运行前完工,并会同设计及动力部门共同检测其接地电阻数值。接地电阻不合格者,严禁现场使用带有金属外壳的电气设备,并应增加人工接地体的数量,直至接地电阻合格为止。

(5)一切用电的施工机具运至现场后,必须由电工检测其绝缘电阻及检查各部分电气附件是否完整无损。绝缘电阻小于 0.5MΩ(手持电动工具及潜水泵应按手持电动工具的规定)或电气附件损坏的机具不得安装使用。

(6)除上述第(2)~(4)条规定的内容外,现场其他的电气线路、用电设备安装后,可由现场电气负责人检查,合格后通电运行。

4. 定期检查制度的基本内容

(1)人工挖孔桩工程、基础工程使用的潜水泵,必须每天上午上班前检查其绝缘电阻及负荷线,上午、下午上班前检查保护潜水泵的漏电开关。

(2)保护移动式(如一般的小型抽水机、打坑机)设备的漏电开关,负荷线应每周检查一次。

(3)保护固定(使用时不移动或不经常移动)使用设备的漏电开关应每月检查一次。

(4)电气线路、配电装置(包括发电机、配电房)接地装置的接地电阻每半年检查一次。

(5)防雷接地电阻应于每年的 3 月 1 日前全面检测。

【例 4.2】 **×××项目临时用电施工安全技术交底**

本工程施工及生活区用电由业主提供 1 台 400kV·A 变压器,现场设一级配电箱 2 台,二级配电箱(详见临电平面布置图),工程内容包括:一、二级配电箱安装,围挡制作,电缆敷设,重复接地,箱内电缆压、接线,配电箱及电缆绝缘测试等。

根据《施工现场临时用电安全技术规范》(JGJ 46—2005)和北京市有关施工现场用电安全要求,工程临时用电施工安全技术要求如下:

(1)根据规范要求,临时用电使用超过 6 个月及以上时,必须按正式工程施工。

(2)临时用电工程必须按《施工现场临时用电安全技术规范》(JGJ 46—2005)、华北地区标准和建筑电气安装工程图集(第 2 版)施工。

(3)临时用电由变压器至一级配电箱采用三相五线制,一级配电箱至二级配电箱采用三相五线制。

(4)从事电气安装操作人员必须是持有(有效)电气操作证的人员。

(5)一级配电箱经全部检查后,使用 500V 摇表对箱内所有开关组件进行绝缘摇测,绝缘电阻不小于 1MΩ。绝缘检查合格后,接临时电源,对箱内开关、漏电保护器进行试验,试验时戴绝缘手套进行操作,并有专人进行监护,直至试验结束。

(6)电缆沟应挖深 0.8m,电缆上下各敷设 100mm 厚的细沙或软土,然后覆盖砖或水泥板等硬质保护层。

(7)电缆穿越道路、建筑物等易受机械损伤的场所,必须加设保护套管,长度超出道路宽度两端 1.5m,当遇有其他各类管道、电缆交叉时应按规范要求保持距离。电缆敷设前应对电缆进行绝缘遥测,采用 1000V 摇表,绝缘电阻值应不小于 10MΩ。电缆敷设时不得有背花及死扣,并应采用人工敷设,严禁机械拉引。

(8)电缆封头应按规范施工,剥切电缆时,不得损伤线芯绝缘,不准采用开口接线端子,接线端子应用液压钳子进行压接,裸露部分应进行绝缘包扎。

(9)变压器侧电缆 N 线应接在配电盘 N 线端子板上,一级配电箱侧 N 线应接在总漏电保护器电源侧,无总漏电保护器的应压在 PE 线端子板上,然后 PE 线端子板应与 N 线端子板进行连接。PE 线不得装设开关或熔断器。

(10)接线端子必须与电缆芯线的材料材质相同,当接线端子与端子排是铜铝相连接时,铜接线端子必须进行涮锡处理,且两接触面应进行打磨处理。

(11)所有接线端子与端子板、排的连接,应采用镀锌螺栓并用平垫、弹簧垫压接紧固,防止接触电阻增大,接点过热。

(12)接线端子必须与电缆规格配套,严禁以大代小或以小代大。压接时压模的规格也必须与导线规格相符。

(13)接地线应与一级配电箱内 PE 线端子排连接,当一级配电箱内没有总漏电保护器时,还应与 N 线端子排进行连接,压接应牢固、平整。

(14)电缆进入一级配电箱前,应预留 Ω 形弯的一定长度。在电缆线路每隔 20m 或转角处,地面应设明显标志牌。

(15)一级配电箱金属箱体应进行接地,接地线采用黄、绿双色铜线,截面不小于 6mm²。

可开启的箱门上如有电气元件时,箱门也应接地,接地线采用软铜编织线。

　　(16)全部临电工程施工完毕后,必须进行绝缘测试,合格并经有关部门进行验收后,方准送电。

　　(17)其他有关施工技术要求,必须符合国家及地方政府规范及要求。

　　(18)保护 PE 线不得装设开关或熔断器。

　　(19)保护 PE 线应统一标志为绿/黄双色线,在任何情况下不准使用绿/黄双色线做负荷线。

　　(20)施工现场所有用电设备除接保护 PE 线外,必须在设备负荷线的首端处设置漏电保护装置。

　　(21)一级配电箱及二级配电箱应做保护围栏,应有防风、防砸、防雨措施,围栏应接保护零线。

　　(22)配电箱、开关箱内的开关电器(含插座等)应紧固在电器安装板上,不得歪斜和松动。

　　(23)配电箱、开关箱内连接线应采用绝缘导线,接头不得松动,不得有外露带电部分。

　　(24)漏电保护器应装设在总配电箱隔离开关的负荷侧和开关箱隔离开关的负荷侧。

　　(25)电工上岗作业时必须穿戴相关等级的防护用品,如安全帽、绝缘鞋、绝缘手套、绝缘工具等,防护用品必须定期检测。

　　(26)操作前必须检查系统接零、接地的可靠程度,防止意外伤害。

　　(27)电缆敷设时力量要均匀,不得猛拉猛跑,注意脚下石头、坑等障碍物,防止扭伤。

　　(28)制作电缆接头使用电工刀时严禁将刀口向内,以免划伤。

　　××××××(集团)有限公司　　　　　　　　××××公司
　　技术交底人_____　　　　　　　　　　　接受交底人_____

思考与练习

　　1.临时用电的施工组织设计应包括哪些内容?

　　2.何谓"三级配电二级保护"? 何谓"一漏一箱"?

　　3.施工用电检查评分表包括哪些保证项目?

项目 5　安全文明施工

　　文明施工主要是指工程建设实施阶段中,有序、规范、标准、整洁、科学的建设施工生产活动。它是改善人的劳动条件,适应新的环境,提高施工效益,消除城市环境污染,提高人的文明程度和自身素质,确保安全生产和工程质量的有效途径;它是施工企业落实社会主义"两个文明"建设的最佳结合点,是广大建设者几十年心血的结晶。文明施工对施工现场贯彻"安全第一,预防为主,综合治理"的指导方针,坚持"管生产必须管安全"的原则起到保证作用。图 5.1 所示为施工现场安全通道。

图 5.1　施工现场安全通道

　　在《建筑施工安全检查标准》(JGJ 59—2011)中,文明施工包括:现场围挡、封闭管理、施工管理(道路、硬化、排水、绿化等)、材料堆放、现场住宿、现场防火、治安综合治理、施工现场标牌、生活设施、保健急救和社区服务等十一项内容。

任务 1　综　合　治　理

　　了解治安保卫工作的主要内容、责任制和各项治安管理制度。

　　具有参与编制治安防范管理制度的能力。

思政目标

1. 养成安全防范的责任意识。
2. 培养热爱本职工作的情感价值观。

施工现场的综合治理是社会综合治理的重要组成部分,是专门针对施工现场这个特殊的环境而提出的。施工现场综合治理工作的主要内容:在企业和项目的领导下,充分发挥保卫部门的职能作用,广泛组织全体员工,依靠员工的力量,运用政治的、经济的、行政的、教育的、文化的和在公安机关配合下的法律手段,预防和惩罚违法犯罪行为,逐步限制和消除产生违法犯罪的土壤和条件,建立良好稳定的施工秩序,确保工程建设的顺利进行,安全文明施工。图5.2所示为施工现场安全管理警示牌,图5.3所示为施工现场文明施工观摩会。

图 5.2　施工现场安全管理警示牌　　　图 5.3　施工现场文明施工观摩会

施工现场的治安管理一直是社会治安管理的一个重要方面,加强施工现场的治安管理,防止治安案件的发生是文明施工的主要环节。

5.1.1　治安防范管理

治安防范管理就是为了维护施工现场正常的工作秩序,保障各项工作的顺利进行,保护企业财产和施工人员人身、财产的安全,预防和打击犯罪行为。本节主要从治安保卫的工作内容和工作责任制两方面来介绍如何做好施工现场的治安防范管理。

5.1.1.1　治安保卫工作内容

施工企业对施工现场治安保卫工作实行统一管理。企业有关部门负责监督、检查、指导并落实施工现场治安保卫责任制,进行业务指导。施工现场治安保卫工作的主要任务:

1. 施工现场行政领导人职责

贯彻执行国家、地方和行业治安保卫工作的法律、法规和规章

施工企业要结合施工现场特点,对施工现场有关人员开展社会主义法制教育、敌情教育、保密教育和防盗、防火、防破坏、防治安灾害事故教育等治安保卫工作的宣传,增强施工人员的法制观念和治安意识,提高警惕,动员和依靠群众积极同违法犯罪行为作斗争;每月对职工进行一次治安教育,每季度召开一次治保会,定期组织保卫检查。

对有轻微违法行为的人员进行教育,帮助、教育施工现场有轻微违法犯罪行为的人员;根据法律、法规规定,协助公安机关对犯罪分子、劳动教养所外执行人员进行监督、考察和教育。

2.制订和完善各项工作制度,落实各项具体措施,维护施工现场的治安秩序

首先,施工企业要加强治安保卫队伍的建设,提高治安保卫人员和值班守卫人员的素质,保持治安保卫人员的相对稳定。积极和当地公安机关配合,搞好企业治安保卫队伍建设。由施工企业提出申请,经公安机关批准,可以建立经济民警、专职消防组织,为施工现场治安保卫工作提供可靠的人员保证。

同时,施工企业应当制订和完善各项治安保卫工作制度,建立一个治安保卫管理体系。根据国家有关规定,结合施工现场实际,应建立以下有关制度:

(1)门卫、值班、巡逻制度;

(2)现金、票证、物资、产品、商品、重要设备和仪器、文物等安全管理制度;

(3)易燃易爆物品、放射性物质、剧毒物品的生产、使用、运输、保管等安全管理制度;

(4)消防安全管理制度;

(5)机密文件、图纸、资料的安全管理和保密制度;

(6)施工现场内部公共场所和集体宿舍的治安管理制度;

(7)治安保卫工作的检查,监督制度的考核、评比、奖惩制度;

(8)施工现场需要建立的其他治安保卫制度。

施工现场的治安保卫工作,贯彻"依靠群众,预防为主,确保重点,打击犯罪,保障安全"的方针,坚持"谁主管,谁负责"的原则,实行综合治理,建立并落实治安保卫责任制,并纳入生产经营的目标管理之中,治安保卫工作要因地制宜、自主管理,治安保卫工作应当纳入单位领导责任制。

3.积极配合当地公安机关组织的各项活动

施工现场保卫组织在施工企业领导和公安机关的监督、指导下,依照法律、法规规定的职责和权限,进行治安保卫工作。要加强治安信息工作,发现可疑情况、不安定事端应及时报告公安、企业保卫部门;发生事故或案件,要保护刑事、治安案件和治安灾害事故现场,抢救受伤人员和物资,并及时向公安、企业保卫部门报告,协助公安机关、企业保卫部门做好侦破和处理工作;参加当地公安机关组织的治安联防、综合治理活动,协助公安机关查破刑事案件和查处治安案件、治安灾害事故。

4.做好法律、法规和规章规定的其他治安保卫工作,办理人民政府及其公安机关交办的其他治安保卫事项。

做好施工现场内部治安保卫工作应注意以下问题:

(1)实行双向承诺,明确责权,规范治安标准;

(2)落实专业保安驻厂,阵地前移;

(3)构筑防范网络,固本强基,拓展治安标准;

(4)加强内保建设,群防群治,夯实治安标准。

5.1.1.2 治安保卫工作责任制

施工企业应当落实治安保卫责任制。

1.施工现场行政领导人的职责

施工现场行政领导人是施工现场治安保卫工作的责任人,其职责如下:

(1)明确保卫工作的重要性,在任期目标责任制中,应贯彻因地制宜、自主管理、积极防范、保障安全的方针,负责保卫组织的建设和领导,督促职能部门和职能人员切实做好治安保卫

工作。

(2)组织实施单位治安保卫工作计划,把治安工作纳入项目目标管理。实行施工、技术、质量、安全、财务等各岗位齐抓共管,做到"同计划、同部署、同检查、同总结、同评比",做得好的部门或个人应给予表扬或奖励,对不负责任的施工队伍和个人也应给予批评或处罚。

(3)部署各时期的治安保卫工作任务,组织制订本施工现场保卫工作制度,责成有关部门监督执行,并组织实施,分管领导应负责本施工现场内的治安保卫工作。

(4)负责审批,确定要害部位,定期检查本施工现场的保卫工作情况,及时解决保卫工作中存在的问题,责成有关部门组织必要的安全防范检查,发动群众揭露不安全因素和治安隐患,及时组织人员予以消除并采取必要的防范措施。

(5)听取、审查有关部门的保卫工作开展情况的汇报及审批有关处理意见,组织与督促有关部门对本施工现场内部发生的刑事案件、治安案件和治安灾害事故进行调查研究和处理报告。

(6)检查、落实各项治安问题和重大治安灾害事故隐患。研究处置突出的治安问题和重大治安灾害事故隐患。

2.保卫科责任制

(1)保卫部门既是本施工现场保卫工作的职能部门,又是公安机关的基层联系组织,应在施工企业和上级公安机关的领导下,充分发挥职能作用,做好治安保卫工作。

(2)利用各种渠道掌握施工现场的治安信息,对妨碍治安秩序的行为坚决依法制止。

(3)定期组织检查各部门的保卫工作情况,发现内部隐患要提出整改意见,下达安全防范整改通知书,督促其限期整改,并向分管领导汇报。

(4)对施工现场发生的各类案件和治安灾害事故,应按规定向分管领导和公安机关报告,并组织力量查破,发生重大刑事和重大治安灾害事故,应保护好现场,积极协助公安机关查破案件。

(5)做好违纪工人的管理控制工作,配合有关部门做好劣迹职工的帮教工作,采取各种形式促进其思想转化。

(6)会同企业有关部门做好法制宣传教育,提高广大员工遵守社会公德、遵纪守法的自觉性,积极同违法违纪行为作斗争。

(7)加强对治保、消防、门卫的领导和业务指导,做好安全检查、督促工作。

(8)搞好各处各室治保安全组织的建设和领导,建立健全各种档案资料和其他管理制度,使保卫工作做到制度化、规范化、标准化。

3.治安保卫员岗位责任制

(1)对本职工作认真负责,严禁擅离岗位,交班时必须与接班人员清点现场材料的堆放和数量,汇报人员流动情况。

(2)值班者必须保证按时巡逻。维护工地正常秩序,清理工地无关人员,负责工地的安全保卫工作,严防被盗、失火及他人捣乱破坏。

(3)发现可疑人员进入现场,应立即向现场管理人员报告处理,必要时送交地方治安办或公安派出所处理,熟悉各个岗位的地形、地物及消防设施的分布及使用方法,确保现场所住人员及财产的安全。

(4)支持、接受地方治安人员和内部管理人员的巡查工作。

（5）值班人员除看守现场各种设备、设施建材以外，必须准确地登记各类材料进出收发数量。同时需对现场整顿和文明施工工作负责。严格执行早晚的接班交班制度。

（6）凡在值班时间发生的材料、设备被盗事故，必须由该班值班人员按原价赔偿。如果发现有里应外合盗窃材料、设备的，必须按原价的双倍处罚，并扣除全部工资。情节严重的交法院处理。

5.1.2　治安防范管理制度

5.1.2.1　门卫制度

图 5.4　门卫值班

（1）门卫必须履行自己的职责，24 小时轮流值班，如图 5.4 所示。

（2）外来人员进入工地，门卫必须进行询问检查和登记。

（3）进出工地的各种材料和物品必须经过门卫查验，并进行登记。

（4）职工带物品出门，必须由主管负责人向门卫说明或签发出门单。

（5）门前周围不准堆放建筑材料，保持门前清洁。

（6）礼貌待客，维护项目部和公司形象，发现可疑人员要密切注意其动向，采取必要的防范措施，并及时向有关领导汇报。

（7）保持值班室清洁、卫生、安静，闲杂人员等不得在值班室逗留。

（8）保持现场大门内外的清洁卫生。

（9）上班时不得随便离岗，不得无故与他人聊天，不做与保卫工作无关的事情，值夜班不准睡觉，按规定准时交接班，及时关闭大门。

（10）夜间值班必须流动巡查，要做好防火工作，发现可疑情况和火情必须及时发出警报。

5.1.2.2　暂住人员管理

暂住人员管理是我国户籍制度的重要部分，建筑工程的固定性决定了建筑从业人员流动性的特点，加强暂住人员的管理是现场治安管理的重要部分，也是做好现场治安管理的基础。

暂住人员是指离开户口所在市区或者乡（镇）在本市行政区域内其他地域居住（以下称暂住地）3 日以上的人员。

为了维护现场施工、生活秩序和财产安全，根据国家、地方的有关规定，并结合施工现场的实际情况，施工企业应制订暂住人员管理制度。

各级公安机关主管本行政区域内的暂住人员管理工作。各公安派出所设立暂住人员管理办公室，具体负责暂住人员的登记、发证及治安管理工作。劳动、房管、工商、教育、计划生育等有关部门按照各自职责进行暂住人员的管理工作，施工企业应积极配合以上政府单位做好暂住人员管理工作，对暂住人员实行合理调控、严格管理、文明服务、依法保护的方针，严格执行"谁用工、谁管理、谁留宿、谁负责"的原则。任何单位和个人不得侵犯暂住人员的合法权益。

建筑施工企业应当教育暂住人员遵守法律、法规和政府有关规定，服从管理，自觉维护社会秩序，遵守社会公德。

施工企业应当与当地公安派出所签订治安责任书，并承担下列责任：

（1）对暂住人员进行经常性的法制、职业道德和安全教育；

（2）不得招用无合法身份证明、未按规定办理暂住手续的人员；

（3）及时填报暂住人员登记簿，并向公安派出所报告暂住人员变动及管理情况；

（4）发现违法犯罪情况及时报告公安部门。

5.1.2.3　现场治安管理制度

（1）项目部由安全负责人主管，由管理人员、工地门卫以及工人代表参加的治安保卫工作领导小组对工地的治安保卫工作全面负责。

（2）及时对进场职工进行登记造册，主动到公安外来人口管理部门申请领取暂住证。

（3）集体宿舍应做到定人定位，不得男女混居，杜绝聚众斗殴、赌博、嫖娼等违法事件发生，不准留宿身份不明的人员，来客留住工地必须经工地负责人同意，并登记备案。

（4）施工现场人员组成复杂，流动性较大，给施工现场管理工作带来诸多不利的因素，考虑到治安和安全等问题，必须对暂住人员制定切实可行的管理制度，严格管理。如图 5.5 所示。

图 5.5　施工现场的管理制度栏

（5）成立治保组织或者配备专（兼）职治保人员，协助做好暂住人员管理工作。

（6）做好防火防盗等安全保卫工作，资金、危险品、贵重物品等必须妥善保管。

（7）经常性对职工进行法律法制知识及道德教育，从而减少或消除违法案件的发生。

（8）严守各项纪律制度，加强社会治安、综合治理工作，健全门卫制度和各项综合管理制度，增强门卫的责任心。门卫必须坚持对外来人员进行询问登记。

（9）夜间值班人员必须流动巡查，发现可疑情况，立即报告项目部进行处理。

（10）当班门卫一定要坚守岗位，不得在值班时睡觉或做其他事情。

（11）发现违法乱纪行为，应及时予以劝阻和制止，对严重违法犯罪分子，应将其扭送或报告公安部门处理。

（12）夜间值班人员要做好夜间火情防范工作，一旦发现火情，立即发出警报，及时报警。

（13）搞好警民联系，共同协作搞好社会治安工作。

（14）及时调解职工之间的矛盾和纠纷，防止矛盾激化，对严重违反治安管理制度的人员进行严肃处理，确保全工程无刑事案件、无群体斗殴、无集体上访事件发生，以求一方平安，保证工程施工正常进行。

（15）生活办公区要设立职工学习娱乐室，室内应备有电视机、各种杂志、书报和其他娱乐工具，丰富职工业余文化生活；学习娱乐场所应干净整洁，布置美观，由专人负责管理，严禁进行不健康的娱乐活动。

思考与练习

1. 简述《建筑施工安全检查标准》(JGJ 59－2011)对治安综合治理的要求。
2. 施工现场治安管理制度包含哪些内容?

任务 2　文明施工管理

掌握施工现场管理与文明施工的主要内容。

能执行施工现场管理与文明施工专项方案。

1. 养成施工管理严格按照方案执行的工作态度。
2. 培养文明施工的情感态度。

5.2.1　文明施工

文明施工是指在建设工程施工过程中以一定的组织机构为依托,建立文明施工管理系统,采取相应措施,保持施工现场良好的作业环境、卫生环境和工作秩序,避免对作业人员身心健康及周围环境产生不良影响的活动过程,如图5.6、图5.7所示。为了规范建设工程施工现场的文明施工,改善作业人员的工作环境和生活条件,防止和减少安全事故的发生,防止施工过程对环境造成污染和预防各类疾病的发生,保障建设工程的顺利进行,现行法律法规要求建筑施工企业必须建立健全文明施工管理及监督检查制度,确实抓好安全文明施工的各项工作。

图 5.6　文明施工现场道路硬化、绿化

图 5.7　俯瞰文明施工现场

5.2.1.1　文明施工专项方案

工程开工前,施工单位须将文明施工纳入施工组织设计,编制文明施工专项方案,制订相应的文明施工措施,并确保文明施工措施费的投入;文明施工专项方案应由工程项目技术负责人组织人员编制,送施工单位技术部门的专业技术人员审核,报施工单位技术负责人审批,经项目总监理工程师(建设单位项目负责人)审查同意后执行。

1.文明施工专项方案的内容

建筑工程开工前编制的文明施工专项方案一般应包括以下内容:

(1)施工现场平面布置图,包括临时设施、现场交通、现场作业区、施工设备机具、安全通道、消防设施及通道的布置,成品、半成品、原材料的堆放等。

大型工程平面布置因其施工变动较大,可按基础、主体、装修三个阶段进行施工平面图的设计。

(2)施工现场围挡的设计。

(3)临时建筑物、构筑物、道路场地硬化等单体的设计。

(4)现场污水排放、现场给水(含消防用水)系统的设计。

(5)粉尘、噪声的控制措施。

(6)现场卫生及安全的保卫措施。

(7)施工区域内及周边地上建筑物、构造物及地下管网的保护措施。

(8)制订并实施防高处坠落、物体打击、机械伤害、坍塌、触电、中毒、防台风、防雷、防汛、防火灾等应急救援预案(包括应急网络)。

2.文明施工保证体系

文明施工是施工企业、建设单位、监理单位、材料供应单位等参建各方的共同目标和共同责任,建筑施工企业是文明施工的主体,也是主要责任者。要想搞好文明施工工作,除开始施工前做好周密的计划工作外,还必须做好以下工作以保证文明施工计划的实施:

(1)施工单位应当根据不同施工阶段和周围环境及季节、气候的变化,在施工现场采取相应的文明施工措施。施工现场暂时停止施工的,施工单位应做好现场的封闭管理,所需费用由责任方承担,或按照合同约定执行。

(2)建设单位组织监理单位、施工单位对围挡、临建设施进行验收,验收合格后方可使用,并建立巡查制度和验收、巡查档案。恶劣天气条件下必须进行重点检查,确保围挡、临建设施的稳固安全。

（3）施工现场应悬挂质量管理、安全生产和文明施工标语,危险区域须设置明显的安全警示标志。标语要规范、整齐、美观,安全警示标志须符合国家标准。

（4）施工现场应设置宣传栏、读报栏、黑板报,及时更换宣传内容。设置报栏应牢固美观,并有防雨措施。

（5）建设工程完工后,施工单位应在1个月内拆除工地围墙、安全防护设施和其他临时设施,并将工地及四周环境清理干净,做到工完、料净、场地洁。

5.2.1.2　施工现场场容管理

施工现场场容是体现文明施工的一个重要方面,做好场容管理要与施工相结合,只有这样才能确保场容整洁,保证施工井然有序,改变过去脏乱差的面貌,对提高投资效益和保证工程质量也具有深远意义。

1. 施工现场的平面布置与划分

施工现场的平面布置图是施工组织设计的重要组成部分,必须科学合理地规划,绘制出施工现场平面布置图,在施工实施阶段按照施工总平面图要求,设置道路、组织排水、搭建临时设施、堆放物料和设置机械设备等。

施工现场按照功能可划分为施工作业区、辅助作业区、材料堆放区和办公生活区。施工现场的办公生活区应当与作业区分开设置,并保持安全距离。办公生活区应当设置于在建建筑物坠落半径之外,与作业区之间设置防护措施,进行明显的划分隔离,以免人员误入危险区域;办公生活区如果设置在建筑物坠落半径之内时,必须采取可靠的防砸措施。功能区的规划设置,还应考虑交通、水电、消防和卫生、环保等因素。

2. 场容场貌

（1）施工场地

①施工现场的场地应当整平,清除障碍物,无坑洼和凹凸不平,雨季不积水,暖季应适当绿化,如图5.8所示。

②施工现场应具有良好的排水系统,设置排水沟及沉淀池,不应有跑、冒、滴、漏等现象,现场废水不得直接排入市政污水管网和河流,如图5.9所示。

图5.8　施工现场绿化　　　　　　　　　　　　图5.9　施工现场排水

③现场存放的油料、化学溶剂等应设有专门的库房,地面应进行防渗漏处理。

④地面应当经常洒水,对粉尘源进行覆盖遮挡。

⑤施工现场应设置密闭式垃圾站,建筑垃圾、生活垃圾应分类存放,并及时清运出场。

⑥建筑物内外的零散碎料和垃圾渣土应及时清理。

⑦楼梯踏步、休息平台、阳台等处不得堆放料具和杂物。

⑧建筑物内施工垃圾的清运必须采用相应容器或管道运输,严禁凌空抛掷。

⑨施工现场严禁焚烧各类垃圾及有毒、有害物质。

⑩禁止将有毒、有害废弃物做土方回填。

⑪施工机械应按照施工总平面图规定的位置和线路布置,不得侵占场地内外道路,保持车容机貌整洁,及时清理油污和施工造成的污染。

⑫施工现场应设吸烟处,严禁在现场随意吸烟。

(2)道路

①施工现场的道路应畅通,应当有循环干道,满足运输、消防要求。

②主干道应当平整坚实,且有排水措施,硬化材料可以采用混凝土、预制块或用石屑、焦渣、砂砾等压实整平,保证不沉陷、不扬尘,防止将泥土带入市政道路。

③道路应当中间起拱,两侧设排水设施,主干道宽度不宜小于 3.5m,载重汽车转弯半径不宜小于 15m,如因条件限制,应当采取措施。

④道路的布置要与现场的材料、构件、仓库等料场及吊车位置相协调、配合。

⑤施工现场主要道路应尽可能利用永久性道路,或先建好永久性道路的路基,在土建工程结束之前再铺路面。

(3)现场围挡

①施工现场必须设置封闭围挡,围挡高度不得低于 1.8m,其中各地级市区主要路段和市容景观道路及机场、码头、车站、广场的工地围挡的高度不得低于 2.5m。

②围挡须沿施工现场四周连续设置,不得留有缺口,做到坚固、平直、整洁、美观。

③围挡应采用砌体、金属板材等硬质材料,禁止使用彩条布、竹笆、石棉瓦、安全网等易变形材料。

④围挡应根据施工场地地质、周围环境、气象、材料等进行设计,确保围挡的稳定性、安全性。围挡禁止用于挡土、承重,禁止依靠围挡堆放物料、器具等。

⑤砌筑围墙厚度不得小于 180mm,应砌筑基础大放脚和墙柱,基础大放脚埋地深度不小于 500mm(在混凝土或沥青路上有坚实基础的除外),墙柱间距不大于 4m,墙顶应做压顶。墙面应采用砂浆批光抹平、涂料刷白。

⑥板材围挡底部里侧应砌筑 300mm 高、不小于 180mm 厚的砖墙护脚,外立压型钢板或镀锌钢板,通过钢立柱与地面可靠固定,并刷上与周围环境协调的油漆和图案。围挡应横不留隙、竖不留缝,底部用直角扣牢。

⑦施工现场设置的防护栏杆应牢固、整齐、美观,并应涂上红白或黄黑相间的警戒油漆。

⑧雨后、大风后以及春融季节应当检查围挡的稳定性,发现问题及时处理。

(4)封闭管理

①施工现场应有一个以上的固定出入口,出入口应设置大门,门高度不得低于 2m。

②大门应庄重美观,门扇应做成密闭不透式,主门口应立门柱,门头设置企业标志。

③大门处应设门卫室,实行人员出入登记和门卫人员交接班制度,禁止无关人员进入施工现场。

④施工现场人员均应佩戴证明其身份的证卡,管理人员和施工作业人员应戴(穿)以颜色

区别的安全帽(工作服)。

(5)临建设施

施工现场的临时设施较多,这里主要指施工期间临时搭建、租赁的各种房屋等临时设施。临时设施必须合理选址、正确用材,确保使用功能和安全、卫生、环保、消防要求。临时设施的种类主要有办公设施、生活设施、生产设施、辅助设施,包括道路、现场排水设施、围墙、大门、供水处、吸烟处。临时房屋的结构类型可采用活动式临时房屋,如钢骨架活动房屋、彩钢板房,固定式临时房屋,主要为砖木结构、砖石结构和砖混结构。

①临时设施的选址

办公生活临时设施的选址,首先应考虑与作业区相隔离,保持安全距离。其次,所选位置的周边环境必须具有安全性,例如不得设置在高压线下,也不得设置在沟边、崖边、河流边、强风口处、高墙下以及滑坡、泥石流等灾害地质带上和山洪可能冲击到的区域。

安全距离是指在施工坠落半径和高压线防触电距离之外。建筑物高度为 2~5m,坠落半径为 2m;高度为 30m,坠落半径为 5m(如因条件限制,办公和生活区设置在坠落半径区域内,必须有防护措施)。1kV 以下裸露输电线,安全距离为 4m;330~550kV 裸露输电线,安全距离为 15m(最外线的投影距离)。

②临时设施的布置方式

a.生活性临时房屋布置在工地现场以外,生产性临时设施按照生产的需要在工地选择适当的位置,行政管理的办公室等应靠近工地或工地现场出入口。

b.生活性临时房屋设在工地现场以内时,一般布置在现场的四周或集中于一侧。

c.生产性临时房屋,如混凝土搅拌站、钢筋加工棚、木材加工棚等,应全面分析比较确定位置。

③临时设施搭设的一般要求

a.施工现场的办公区、生活区和施工区须分开设置,并采取有效隔离防护措施,保持安全距离;办公区、生活区的选址应符合安全性要求。尚未竣工的建筑物内禁止用于办公或设置员工宿舍。

b.施工现场临时用房应进行必要的结构计算,应符合安全使用要求,所用材料应满足卫生、环保和消防要求。宜采用轻钢结构拼装活动板房,或使用砌体材料砌筑,搭建层数不得超过两层。严禁使用竹棚、油毡、石棉瓦等柔性材料搭建。

装配式活动房屋应具有产品合格证,应符合国家和本省的相关规定要求。

c.临时用房应具备良好的防潮、防台风、通风、采光、保温、隔热等性能。室内净高不得低于 2.6m,墙壁应批光抹平刷白,顶棚应抹灰刷白或吊顶,办公室、宿舍、食堂等窗地面积比不应小于 1∶8,厕所、淋浴间窗地面积比不应小于 1∶10。

d.临建设施内应按《施工现场临时用电安全技术规范》(JGJ 46—2005)的要求架设用电线路,配线必须采用绝缘导线或电缆,应根据配线类型采用瓷瓶、瓷(塑料)夹,嵌绝缘槽,穿管或钢索敷设,过墙处应穿管保护。非埋地明敷干线距地面高度不得小于 2.5m,低于 2.5m 的必须采取穿管保护措施。室内配线必须有漏电保护、短路保护和过载保护,用电应达到"三级配电两级保护"。未使用安全电压的灯具距地高度应不低于 2.4m。

e.生活区和施工区应设置饮水桶(或饮水器),供应符合卫生要求的饮用水,饮水器具应定期消毒。饮水桶(或饮水器)应加盖、上锁、有标志,并由专人负责管理。

5.2.1.3 临时设施的搭设与使用管理

1. 办公室

办公室应建立卫生值日制度,保持卫生整洁、明亮美观,文件、图纸、用品、图表摆放整齐。

2. 职工宿舍

(1)不得在尚未竣工的建筑物内设置员工集体宿舍。

(2)宿舍应当选择在通风、干燥的位置,防止雨水、污水流入。

(3)宿舍在炎热季节应有防暑降温和防蚊虫叮咬措施,设有盖垃圾桶,不乱泼乱倒,保持卫生清洁。房屋周围道路平整,排水沟涵畅通。

(4)宿舍必须设置可开启式窗户,设置外开门。

(5)宿舍内应保证有必要的生活空间,室内净高不得小于 2.4m,通道宽度不得小于 0.9m,每间宿舍居住人员不应超过 16 人;宿舍内的单人铺不得超过 2 层,严禁使用通铺,床铺应高于地面 0.3m,人均床铺面积不得小于 1.9m×0.9m,床铺间距不得小于 0.3m。

(6)宿舍内应设置生活用品专柜,有条件的宿舍宜设置生活用品储藏室;宿舍内严禁存放施工材料、施工机具和其他杂物。

(7)宿舍周围应当搞好环境卫生,应设置垃圾桶、鞋柜或鞋架,生活区内应为作业人员提供晾晒衣物的场地,房屋外应道路平整,晚间有充足的照明。

(8)寒冷地区宿舍冬季应有保暖措施、防煤气中毒措施,火炉应当统一设置、管理;炎热季节应有消暑和防蚊虫叮咬措施。

(9)应当制订宿舍管理使用责任制,轮流负责卫生和使用管理或安排专人管理。

(10)宿舍区内严禁私拉乱接电线,严禁使用电炉、电饭锅、热得快等大功率设备和使用明火。

3. 食堂

(1)食堂应当选择在通风、干燥的位置,防止雨水、污水流入,应当保持环境卫生,远离厕所、垃圾站、有毒有害场所等污染源的地方,装修材料必须符合环保、消防要求。

(2)食堂应设置独立的制作间、储藏间。

(3)食堂应配备必要的排风设施和冷藏设施,安装纱门纱窗,室内不得有蚊蝇,门下方应设不低于 0.2m 的防鼠挡板。

(4)食堂的燃气罐应单独设置存放间,存放间应通风良好并严禁存放其他物品。

(5)食堂制作间灶台及其周边应贴瓷砖,瓷砖的高度不宜小于 1.5m;地面应做硬化和防滑处理,按规定设置污水排放设施。

(6)食堂制作间的刀、盆、案板等炊具必须生熟分开,食品必须有遮盖,遮盖物品应有正反面标识,炊具宜存放在封闭的橱柜内。

(7)食堂内应有存放各种佐料和副食的密闭器皿,并应有标识,粮食存放台距墙和地面应大于 0.2m。

(8)食堂外应设置密闭式泔水桶,并应及时清运,保持清洁。

(9)应当制订并在食堂张挂食堂卫生责任制,责任落实到人,加强管理。

4. 厕所

(1)厕所大小应根据施工现场作业人员的数量设置。

（2）高层建筑施工超过 8 层以后，每隔 4 层宜设置临时厕所。

（3）施工现场应设置水冲式或移动式厕所，厕所地面应硬化，门窗齐全。蹲坑间宜设置搁板，搁板高度不宜低于 0.9m。

（4）厕所应设置三级化粪池，化粪池必须进行抗渗处理，污水通过化粪池后方可接入市政污水管线。

（5）施工现场应保持卫生，不准随地大小便。

（6）厕所卫生应有专人负责清扫、消毒，化粪池应及时清掏。

（7）厕所应设置洗手盆，厕所的进出口处应设有明显标志。

5. 淋浴间

（1）施工现场应设置男女淋浴间与更衣间，淋浴间地面应做防滑处理，淋浴喷头数量应按不少于住宿人员数量的 5% 设置，排水、通风良好，寒冷季节应供应热水。更衣间应与淋浴间隔离，设置挂衣架、橱柜等。

（2）淋浴间照明器具应采用防水灯头、防水开关，并设置漏电保护装置。

（3）淋浴室应有专人管理，经常清理，保持清洁。

6. 料具管理

料具是材料和周转材料的统称。材料的种类繁多，按其堆放的方式分为露天堆放材料、库棚存放材料；露天堆放的材料又分为散料、袋装料和块料；库棚存放的材料又分为单一材料库和混用库。施工现场料具存放的规范化、标准化，是促进场容场貌的科学管理和现场文明施工的一个重要方面。

料具管理应符合下列要求：

（1）施工现场外临时存放施工材料，必须经有关部门批准，并应按规定办理临时占地手续。

（2）建设工程现场施工材料（包括料具和构配件）必须严格按照平面图确定的场地码放，并设立标志牌。材料应码放整齐，不得妨碍交通和影响市容，堆放散料时应进行围挡，围挡高度不得低于 0.5m。

（3）施工现场各种料具应分规格码放整齐、稳固，做到一头齐、一条线。砖应成丁、成行，高度不得超过 1.5m；砌块材料码放高度不得超过 1.8m；砂、石和其他散料应成堆，界限清楚，不得混杂。

（4）预制圆孔板、大楼板、外墙板等大型构件和大模板存放时，场地应平整夯实，有排水措施，并设 1.2m 高的围栏进行防护。

（5）施工大模板需要搭插放架时，插放架的两个侧面必须做剪刀撑。清扫模板或刷隔离剂时，必须将模板支撑牢固，两模板之间有不少于 60cm 宽的走道。

（6）施工现场的材料保管，应依据材料性能采取必要的防雨、防潮、防晒、防冻、防火、防爆、防损坏等措施。贵重物品、易燃易爆和有毒物品应及时入库，专库专管，加设明显标志，并建立严格的领退料手续。

（7）施工中使用的易燃易爆材料，严禁在结构内部存放，并严格以当日的需求量发放。

（8）施工现场应有用料计划，按计划进料，使材料不积压，减少退料。同时做到钢材、木材等料具合理使用，长料不短用，优材不劣用。

（9）材料进、出现场应有查验制度和必要的手续。现场用料应实行限额领料，领退料手续齐全。

(10)施工组织设计(方案)应有节约能源技术措施。施工现场应节约用水用电,消灭长流水和长明灯。

(11)施工现场剩余料具包括容器应及时回收,堆放整齐并及时清退。水泥库内外散落灰必须及时清理,用水泥袋认真打包、回收。

(12)砖、砂、石和其他散料应随用随清,不留料底。工人操作应做到活完料净脚下清。

(13)搅拌机四周、拌料处及施工现场内无废弃砂浆和混凝土。运输道路和操作面落地料及时清理。砂浆、混凝土倒运时,应用容器或铺垫板。浇筑混凝土时,应采取防撒落措施。

(14)施工现场应设垃圾站,及时集中分拣、回收、利用、清运。垃圾清运出现场必须到批准的消纳场地倾倒,严禁乱倒乱卸。

5.2.1.4　施工标牌与安全标志

1.施工标牌(七牌二图与两栏一报)

(1)在施工现场明显处,应有必要的有关安全内容的标语。七牌二图即指工程概况牌、管理人员名单监督电话牌、消防保卫牌、安全生产牌、文明施工牌、入场须知牌、农民工维权须知牌和施工现场平面图、施工现场立面图。工程概况牌要标明工程规模、性质、用途、发包人、设计人、承包人、监理单位名称和开工竣工日期、施工许可证批准文号。施工现场周围设围挡,并涂刷宣传画或标语。

(2)工地内要设立“两栏一报”(宣传栏、读报栏和黑板报)。

2.安全标志及其设置与悬挂

(1) 安全标志

①安全警示标志是指提醒人们注意的各种标牌、文字、符号以及灯光等。一般来说,安全警示标志包括安全色和安全标志,如图 5.10 所示。

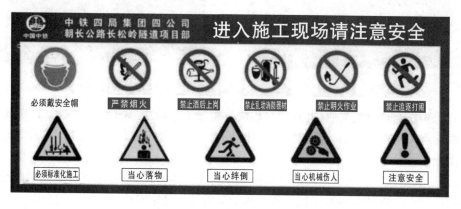

图 5.10　施工现场安全标志牌

②安全色分为红、黄、蓝、绿四种颜色,分别表示禁止、警告、指令和提示。

③安全标志分禁止标志、警告标志、指令标志和提示标志。安全警示标志的图形、尺寸、颜色、文字说明和制作材料等,均应符合国家标准规定。

(2)安全标志的设置与悬挂

根据国家有关规定,施工现场入口处、施工起重机械、临时用电设施、脚手架、出入通道口、楼梯口、电梯井口、孔洞口、桥梁口、隧道口、基坑边沿、爆破物及有害危险气体和液体存放处等属于危险部位,应当设置明显的安全警示标志。安全警示标志的类型、数量应当根据危险部位的性质不同,设置不同的安全警示标志。安全标志设置后应当进行统计记录,并填写施工现场安全标志登记表。

5.2.2　施工现场消防安全管理

5.2.2.1　施工现场的防火要求

(1)各单位在编制施工组织设计时,施工总平面图、施工方法和施工技术均要符合消防安全要求。

(2)施工现场应明确划分用火作业区、易燃可燃材料堆场、仓库、易燃废品集中站和生活区等区域。

(3)施工现场夜间应有照明设备;保持消防车通道畅通无阻,并要安排人员加强值班巡逻。

(4)施工作业期间若需搭设临时性建筑物,必须经施工企业技术负责人批准,施工结束后应及时拆除。但不得在高压架空电线下面搭设临时性建筑物或堆放可燃物品。

(5)施工现场应配备足够的消防器材,指定专人维护、管理、定期更新,保证完整好用。

(6)在土建施工时,应先将消防器材和设施配备好,有条件的,应敷设室外消防水管和消防栓,如图 5.11、图 5.12 所示。

图 5.11　施工现场消防安全制度牌　　　图 5.12　施工现场消防设施

(7)焊、割作业点与氧气瓶、电石桶和乙炔发生器等危险物品的距离不得少于 10m,与易燃易爆物品的距离不得少于 30m;如达不到上述要求的,应执行动火审批制度,并采取有效的安全隔离措施。

(8)乙炔发生器和氧气瓶之间的存放距离不得小于 2m;使用时,二者的距离不得小于 5m。

(9)氧气瓶、乙炔发生器等焊割设备上的安全附件应完整有效,否则不准使用。

(10)施工现场的焊、割作用,必须符合防火要求,严格执行"十不烧"规定。

(11)冬季施工采用保温加热措施时,应符合以下要求:

①采用电热器加温,应设电压调整器控制电压;导线应绝缘良好,连接牢固,并在现场设置多处测量点。

②采用锯末生石灰蓄热,应选择安全配方比,并经工程技术人员同意后方可使用。

③采用保温或加热措施前,应进行安全教育;施工过程中,应安排专人巡逻检查,发现隐患及时处理。

(12)施工现场的动火作业,必须执行审批制度。

①一级动火作业由所在单位行政负责人填写动火申请表,编制安全技术措施方案,报公司保卫部门及消防部门审查批准后,方可动火。

②二级动火作业由所在工地、车间的负责人填写动火申请表,编制安全技术措施方案,报本单位主管部门审查批准后,方可动火。

③三级动火作业由所在班组填写动火申请表,经工地、车间负责人及主管人员审查批准后,方可动火。

④古建筑和重要文物单位等场所的动火作业,按一级动火作业手续上报审批。

5.2.2.2　施工现场平面布置的消防安全要求

建筑施工企业须严格依照有关建设工地消防管理的法律、法规和规范性文件,建立和执行施工现场防火管理制度,建立健全消防管理组织,制订防火应急预案及绘制消防平面布置图,明确各区域消防责任人。

临时设施搭设和电气设备的安装使用必须符合消防要求,合理配备消防设施,并保持完好的备用状态。

1.防火间距要求

施工现场的平面布局应以施工工程为中心,要明确划分出用火作业区、禁火作业区(易燃、可燃材料的堆放场地)、仓库区及现场生活区、办公区等区域。设立明显的标志,将火灾危险性大的区域布置在施工现场常年主导风向的下风侧或侧风向。各区域之间的防火间距应符合消防技术规范和有关地方法规的要求,具体要求为以下几点:

(1)禁火作业区距离生活区应不小于 15m,距离其他区域应不小于 25m。

(2)易燃、可燃材料的堆料场及仓库距离修建的建筑物和其他区域应不小于 20m。

(3)易燃废品的集中场地距离修建的建筑物和其他区域应不小于 30m。

(4)防火间距内,不应堆放易燃、可燃材料。

(5)临时设施最小防火间距,要符合《建筑设计防火规范》(GB 50016—2014(2018 年版))和国务院《关于工棚临时宿舍和卫生设施的暂行规定》的要求。

2.现场道路及消防要求

(1)施工现场的道路,夜间要有足够的照明设备。

(2)施工现场必须建立消防车通道,其宽度应不小于 3.5m,禁止占用场内通道堆放材料,在工程施工的任何阶段都必须通行无阻。施工现场的消防水源处,还要筑有消防车能驶入的道路,如果不可能修建通道时,应在水源(池)一边铺砌停车和回车空地。

(3)临时性建筑物、仓库以及正在修建的建(构)筑物的道路旁,都应该配置适当种类和一定数量的灭火器,并布置在明显和便于取用的地点。冬期施工还应对消防水池、消火栓和灭火器等做好防冻工作。

3.临时设施要求

作业棚和临时生活设施的规划和搭建,如图 5.13 所示,必须符合下列要求:

(1)临时生活设施应尽可能搭建在距离正在修建的建筑物 20m 以外的地区,禁止搭设在高压架空电线的下面,距离高压架空电线的水平距离不应小于 6m。

(2)临时宿舍与厨房、锅炉房、变电所和汽车库之间的防火距离应不小于 15m。

(3)临时宿舍等生活设施,与铁路的中心线以及少量易燃品贮藏室的间距不小于 30m。

(4)临时宿舍距离火灾危险性大的生产场所不得小于 30m。

拼板式组合房

箱式组合房

图 5.13　施工现场临时建筑

（5）为贮存大量的易燃物品、油料、炸药等所修建的临时仓库，与永久工程或临时宿舍之间的防火间距应根据所贮存的数量，按照有关规定来确定。

（6）在独立的场地上修建成批的临时宿舍时，应当分组布置，每组最多不超过2幢，组与组之间的防火距离，在城市市区不小于20m，在农村应不小于10m。作为临时宿舍的简易楼房，其层数应当控制在2层以内，且每层应当设置2个安全通道。

（7）生产工棚包括仓库，无论有无用火作业或取暖设备，室内最低高度一般不应小于2.8m，其门的宽度要大于1.2m，并且要双扇向外开启。

4.消防用水要求

施工现场要设有足够的消防水源（给水管道或蓄水池），对有消防给水管道设计的工程，应在施工时，先敷设好室外消防给水管道与消火栓。

现场应设消防水管网，配备消火栓。进水干管直径不小于100mm。较大工程要分区设置消火栓；施工现场消火栓处日夜要设明显标志，配备足够水带，周围3m内不准存放任何物品。消防泵房应用非燃材料建造，设在安全位置，消防泵专用配电线路应引自施工现场总断路器的上端，要保证连续不间断供电。

5.2.2.3　消防设施、器材的布置

建筑施工现场根据灭火的需要，必须配置相应种类、数量的消防器材、设备、设施，如消防水池（缸）、消防梯、沙箱（池）、消火栓、消防桶、消防锹、消防钩（安全钩）以及灭火器。

1.消防器材的配备

（1）一般临时设施区域内，每100m² 配备2个10L灭火器。

（2）大型临时设施总面积超过1200m²，应备有专供消防用的积水桶（池）、黄砂池等器材、设施。上述设施周围不得堆放物品，并留有消防车道。

（3）临时木工间、油漆间，木、机具间等每 $25m^2$ 配备 1 个种类合适的灭火器，油库、危险品仓库应配备足够数量、种类合适的灭火器。

（4）仓库或堆料场内，应根据灭火对象的特征，分组布置酸碱、泡沫、清水、二氧化碳等灭火器，每组灭火器不应少于 4 个，每组灭火器之间的距离不应大于 30m。

（5）24m 高度以上高层建筑施工现场，应设置具有足够扬程的高压水泵或其他防火设备和设施。

（6）施工现场的临时消火栓应分设在各明显且便于使用的地点，并保证消火栓的充实水柱能达到工程内任何部位。

（7）室外消火栓应沿消防车道或堆料场内交通道路的边缘设置，消火栓之间的距离不应大于 50m。

（8）采用低压给水系统，管道内的压力在消防用水量达到最大时，不低于 0.1MPa；采用高压给水系统，管道内的压力应保证两支水枪同时布置在堆场内最远和最高处的要求，水枪充实水柱不小于 13m，每支水枪的流量不应小于 5L/s。

2.灭火器的设置地点

灭火器不得设置在环境温度超出其使用温度范围的地点，其使用温度范围见表 5.1。

表 5.1　灭火器的使用温度范围

灭火器类型	使用温度范围 （℃）	灭火器类型		使用温度范围 （℃）
清水灭火器	4～55	干粉灭火器	贮气瓶式	−10～55
酸碱灭火器	4～55		贮压式	−20～55
化学泡沫灭火器	4～55	卤代烷式灭火器		−20～55
二氧化碳灭火器	−10～55			

5.2.2.4　焊接机具、燃器具的安全管理

1.电焊、气割的安全管理

（1）从事电焊、气割的操作人员必须进行专门培训，掌握焊割的安全技术、操作规程，经过考试合格，取得操作合格证后方准操作。操作时应持证上岗。徒工学习期间，不能单独操作，必须在师傅的监护下进行操作。

（2）严格执行用火审批程序和制度。操作前必须办理用火申请手续，经本单位领导同意和消防保卫或安全技术部门检查批准，领取用火许可证后方可进行操作。

（3）用火审批人员要认真负责，严格把关。审批前要深入用火地点查看，确认无火险隐患后再行审批。批准用火应定时（时间）、定位（层、段、挡）、定人（操作人、看火人）、定措施（应采取的具体防火措施），部位变动或仍需继续操作，应事先更换用火证。用火证只限当日本人使用，并要随身携带，以备消防保卫人员检查。

（4）进行电焊、气割前，应由施工员或班组长向操作人员、看火人员进行消防安全技术措施交底，任何领导不能以任何理由让电焊、气割工人进行冒险操作。

（5）装过或有易燃、可燃液体、气体及化学危险物品的容器、管道和设备，在未彻底清洗干净前，不得进行焊割。

（6）严禁在有可燃蒸气、气体、粉尘或禁止明火的危险性场所焊割。在这些场所附近进行

焊割时,应按有关规定,保持一定的防火距离。

(7)遇有五级以上大风时,施工现场的高空和露天焊割作业应停止。

(8)领导及生产技术人员要合理安排工艺和编排施工进度,在有可燃材料保温的部位,不准进行焊割作业。必要时,应在工艺安排和施工方法上采取严格的防火措施。焊割作业不准与油漆、喷漆、脱漆、木工等易燃操作同时间、同部位、上下交叉作业。

(9)在装饰装修时进行电焊、气割要格外小心,因为许多装饰材料都易燃,并有可能放出有毒气体。

(10)焊割结束或离开操作现场时,必须切断电源、气源。炽热的焊嘴、焊钳以及焊条头等,禁止放在易燃、易爆物品和可燃物上。

(11)禁止使用不合格的焊割工具和设备。电焊的导线不能与装有气体的气瓶接触,也不能与气焊的软管或气体的导管放在一起。焊把线和气焊的软管不得从生产、使用、储存易燃、易爆物品的场所或部位穿过。

(12)焊割现场必须配备灭火器材,危险性较大的应有专人现场监护。

2.喷灯安全管理

(1)喷灯加油时,要选择安全地点,并认真检查喷灯是否有漏油或渗油的地方,发现漏油或渗油,应禁止使用。因为汽油的渗透性和流散性极好,一旦加油过程中不慎倒出油或喷灯渗油,点火时极易引起火灾。

(2)喷灯加油时,应将加油防爆盖旋开,用漏斗灌入汽油。如加油时不慎将油洒在灯体上,则应将油擦干净,同时放置在通风良好的地方,使汽油挥发掉再点火使用。加油不能过满,加到灯体容积的 3/4 即可。

(3)喷灯在使用过程中需要添油时,应首先把灯的火焰熄灭,然后慢慢地旋松加油防火盖放气,待放尽气和灯体冷却以后再添油。严禁带火加油。

(4)喷灯点火后先要预热喷嘴。预热喷嘴应利用喷灯上的贮油杯,不能图省事而采取喷灯对喷的方法或用炉火烘烤的方法进行预热,防止造成灯内的油类蒸气膨胀,使灯体爆破引起火灾。放气点火时,要慢慢地旋开手轮,防止放气太急将油带出起火。

(5)喷灯作业时,火焰与加工件应注意保持适当的距离,防止高热反射造成灯体内气体膨胀而发生事故。

(6)高空作业使用喷灯时,应在地面上点燃喷灯后,将火焰调至最小,再用绳子吊上去,不应携带点燃的喷灯攀高。作业点下面及周围不允许堆放可燃物,防止金属熔渣及火花掉在可燃物上发生火灾。

(7)在地下窨井或地沟内使用喷灯时,应先进行通风,排除该场所内的易燃、可燃气体,严禁在地下窨井或地沟内进行点火,应在距离窨井或地沟 1.5~2.0m 以外的地面点火,然后用绳子将喷灯吊下去使用。使用喷灯,禁止与喷漆、木工作业等工序同时间、同部位、上下交叉作业。

(8)喷灯连续使用时间不宜过长,发现灯体发烫时,应停止使用,进行冷却,防止气体膨胀而发生爆炸引起火灾。

5.2.2.5 施工防火、灭火

1.特殊工种防火

(1)电焊工

①电焊工在操作前,要严格检查所用工具(包括电焊机设备、线路敷设、电缆线的接点等),

使用的工具均应符合标准,保持完好状态。

②电焊机应有单独开关,装在防火、防雨的闸箱内,电焊机应设防雨棚(罩)。开关的保险丝容量应为该机的 1.5 倍。保险丝不准用铜丝或铁丝代替。

③焊割部位必须与氧气瓶、乙炔瓶、乙炔发生器及各种易燃、可燃材料隔离,两瓶之间不得小于 5m,与明火之间不得小于 10m。

④电焊机必须设有专用接地线,直接放在焊件上,接地线不准接在建筑物、机械设备、各种管道、避雷引下线或金属架上,防止接触产生火花,造成起火事故。

⑤电焊机一、二次线应用线鼻子压接牢固,同时应加装防护罩,防止松动、短路放弧,引燃可燃物。

⑥严格执行防火规定和操作规程,操作时采取相应的防火措施,与看火人员密切配合,防止引起火灾。

(2)气焊工

①乙炔发生器、乙炔瓶、氧气瓶和焊割具的安全设备必须齐全有效。

②乙炔发生器、乙炔瓶、液化石油气罐和氧气瓶在新建、维修工程内存放,应设置专用房间单独分开存放并有专人管理,要有灭火器材和防火标志。

③乙炔发生器和乙炔瓶等与氧气瓶应保持一定距离。在乙炔发生器旁严禁一切火源。夜间添加电石时,应使用防爆手电筒照明,禁止用明火照明。

④乙炔发生器、乙炔瓶和氧气瓶不准放在高低压架空线路下方或变压器旁。在高空焊割时,也不要放在焊割部位的下方,应保持一定的水平距离。

⑤乙炔瓶、氧气瓶应直立使用,禁止平放卧倒使用,以防止油类落在氧气瓶上;油脂或沾油的物品,不要接触氧气瓶、导管及其零部件。

⑥氧气瓶、乙炔瓶严禁曝晒、撞击,防止受热膨胀。开启阀门时要缓慢开启,防止升压过快产生高温、火花,引起爆炸和火灾。

⑦乙炔发生器、回火阻止器及导管发生冻结时,只能用蒸汽、热水等解冻,严禁使用火烤或金属敲打。测定气体导管及其分配装置有无漏气现象时,应用气体探测仪或用肥皂水等简单方法测试,严禁用明火测试。

⑧操作乙炔发生器和电石桶时,应使用不产生火花的工具,在乙炔发生器上不能装有纯铜的配件。加入乙炔发生器的水不能含油脂,以免油脂与氧气接触发生反应,引起燃烧或爆炸。

⑨防爆膜失去作用后,要按照规定的规格、型号进行更换,严禁任意更换防爆膜规格、型号,禁止使用胶皮等代替防爆膜。浮桶式乙炔发生器上面不准堆压其他物品。

⑩电石应存放在电石库内,不准潮湿场所和露天存放。

⑪焊割时要严格执行操作规程和程序。焊割操作时先开乙炔气点燃,然后再开氧气进行调火;操作完毕时按相反程序关闭。瓶内气体不能用尽,必须留有余气。

⑫工作完毕,应将乙炔发生器内电石、污水及其残渣清除干净,倒在指定的安全地点,并要排除内腔和其他部分的气体。禁止电石、污水到处乱放乱排。

(3)木工操作间及木工的防火要求

①操作间建筑应采用阻燃材料搭建。

②操作间冬季宜采用暖气(水暖)供暖,如用火炉取暖时,必须在四周采取挡火措施;不应用燃烧劈柴、刨花代煤方式取暖。每个火炉都要有专人负责,下班时要将余火彻底熄灭。

③电气设备的安装要符合要求。抛光、电锯等部位的电气设备应采用密封式或防爆式。刨花、锯末较多部位的电动机,应安装防尘罩。

④操作间内严禁吸烟和用明火作业。

⑤操作间只能存放当班的用料,成品及半成品要及时运走。木工应做到活完场地清,刨花、锯末每班都打扫干净,倒在指定地点。

⑥严格遵守操作规程,旧木料一定要经过检查,起出铁钉等金属后,方可上锯锯料。

⑦配电盘、刀闸下方不能堆放成品、半成品及废料。

⑧工作完毕应拉闸断电,并经检查确无火险后方可离开。

(4)电工的防火要求

①电工应经过专门培训,掌握安装与维修的安全技术,并经过考试合格后,方准独立操作。

②施工现场暂设线路、电气设备的安装与维修应执行《施工现场临时用电安全技术规范》。

③新设、增设的电气设备,必须由主管部门或人员检查合格后,方可通电使用。

④各种电气设备或线路,不应超过安全负荷,并要牢靠、绝缘良好和安装合格的保险设备,严禁用铜丝、铁丝等代替保险丝。

⑤放置及使用易燃液体、气体的场所,应采用防爆型电气设备及照明灯具。

⑥定期检查电气设备的绝缘电阻是否符合"不低于 $1k\Omega/V$(如对地 220V 绝缘电阻应不低于 $0.22M\Omega$)"的规定,如发现隐患,应及时排除。

⑦不可用纸、布或其他可燃材料做无骨架的灯罩,灯泡距可燃物应保持一定距离。

⑧变(配)电室应保持清洁、干燥。变电室要有良好的通风。配电室内禁止吸烟、生火及保存与配电无关的物品(如食物等)。

⑨施工现场严禁私自使用电炉、电热器具。

⑩当电线穿过墙壁或与其他物体接触时,应当在电线上套磁管等非燃材料加以隔绝。

⑪电气设备和线路应经常检查,发现可能引起火花、短路、发热和绝缘损坏等情况时,必须立即修理。

⑫各种机械设备的电闸箱内必须保持清洁,不得存放其他物品,电闸箱应配锁。

⑬电气设备应安装在干燥处,各种电气设备应有妥善的防雨、防潮设施。

⑭每年雨季前要检查避雷装置,避雷针接点要牢固,电阻不应大于 10Ω。

(5)油漆工的防火安全要求

油漆作业所使用的材料都是易燃、易爆的化学材料。因此,无论是在油漆的作业场地还是临时存放的库房,都要严禁动用明火。室内作业时,一定要有良好的通风条件,照明电气设备必须使用防爆灯头,严禁吸烟,周围的动火作业要距离 10m 以外。

油漆作业的防火还应做到以下几个方面:

①各类油漆和其他易燃、有毒材料,应存放在专用库房内,不得与其他材料混放。挥发性油料应装入密闭容器内妥善保管。

②库房应通风良好,不准住人,并设置消防器材和"严禁烟火"的明显标志。库房与其他建筑物应保持一定的安全距离。

③使用煤油、汽油、松香水、丙酮等调配油料时,应戴好防护用品,严禁吸烟。用过的油棉纱、油布、纸等废物,应收集存放在带盖的金属容器内,及时处理。

④在室内或在容器内喷漆,要保持通风良好,喷漆作业周围不准有火种。

⑤调油漆或兑稀释料应在单独的房间进行,室内应通风,在室内和地下室进行油漆作业时,通风应良好,任何人不得在操作时吸烟,防止气体燃烧伤人。

⑥随领随用油漆溶剂,禁止乱倒剩余漆料溶剂,剩料要及时加盖,注意储存安全,不准到处乱放。

⑦清理随用的小油漆桶时,应办理用火手续,按申请地点用火烧,并设专人看火,配备消防器材,防止发生火灾。

⑧掌握防火灭火知识,熟练使用灭火器材。

⑨工作时应穿不易产生静电的服装、鞋,所用工具以不打火花为宜。

⑩喷漆设备必须接地良好。禁止乱拉乱接电线和电气设备,下班时要拉闸断电。

⑪禁止与焊工同时间、同部位地上下交叉作业。

⑫在维修工程施工中,使用脱漆剂时,应采用不燃性脱漆剂。

2.高层建筑防火

高层建筑施工具有人员多而复杂、建筑材料多、电气设备多且用电量大、交叉作业动火点多,以及通信设备差、不易及时救火等特点,一旦发生火灾,其造成的经济损失和社会影响都非常大。因此,施工中必须从实际出发,始终贯彻"预防为主,防消结合"的消防工作方针,因地制宜地进行科学的管理。

(1)施工单位各级领导应重视施工防火安全,始终将防火工作放在首要位置,按照"谁主管谁负责"的原则,从上到下建立多层次的防火管理网络,成立义务消防队,并每月召开一次安全防火会议。

(2)每个工地都应制订消防管理制度、施工材料和化学危险品仓库管理制度;建立各工种的安全操作责任制,明确工程各部位的动火等级,严格动火申请和审批手续。

(3)对参加高层建筑施工的外包队伍,要同每支队伍领队签订防火安全协议书,并对其进行安全技术措施的交底。

(4)严格控制火源和执行动火过程中的安全技术措施,施工现场应严格禁止吸烟,并且设置固定的吸烟点。焊割工要持操作证和动火证上岗;监护人员要持动火证,在配有灭火器材的情况下进行监护,并严格执行相应的操作规程和"十不烧"规定。

(5)施工现场应按规定配置消防器材,并有醒目防火标志。20层(含20层)以上的高层建筑应设置专用的高压水泵,每个楼层应安装消火栓和消防水龙带,大楼底层设蓄水池(不小于 $20m^3$)。当因层次高而水压不足时,在楼层中间应设接力泵,并且每个楼层按面积每 $100m^2$ 设2个灭火器,同时配备通信报警装置,便于及时报告险情。

(6)工程技术人员在制订施工组织设计时,要考虑防火安全技术措施,及时征求防火管理人员的意见,尽量做到安全、合理。

3.地下工程防火

地下工程施工中除遵守正常施工中的各项防火安全管理制度和要求外,还应遵守以下防火安全要求:

(1)施工现场的临时电源线不宜直接敷设在墙壁或土墙上,应用绝缘材料架空安装。配电箱应采取防水措施,潮湿地段或渗水部位的照明灯具应采取相应措施或安装防潮灯具。

(2)施工现场应有不少于2个出入口或坡道,若施工距离较长,应适当增加出入口的数量。施工区面积不超过 $50m$,且施工人员不超过20人时,可只设一个直通地上的安全出口。

(3)安全出入口、疏散走道和楼梯的宽度应按其通过人数(每100人不小于1m)的净宽计算。每个出入口的疏散人数不宜超过250人。安全出入口、疏散走道、楼梯的最小净宽不应小于1m。

(4)疏散走道、楼梯及坡道内,不宜设置突出物或堆放施工材料和机具。

(5)疏散走道、安全出入口、疏散马道(楼梯)、操作区域等部位,应设置火灾事故照明灯。火灾事故照明灯在上述部位的最低照度应不低于5lx(勒克斯)。

(6)疏散走道及其交叉口、拐弯处、安全出口处应设置疏散指示标志灯。疏散指示标志灯的间距不易过大,距地面高度应为1~1.2m,标志灯正前方0.5m处的地面照度不应低于1lx。

(7)火灾事故照明灯和疏散指示灯工作电源断电后,应能自动投合。

(8)地下工程施工区域应设置消防给水管道和消火栓,消防给水管道可以与施工用水管道合用。特殊地下工程不能设置消防用水管道时,应配备足够数量的轻便消防器材。

(9)大面积油漆粉刷和喷漆应在地面施工,局部的粉刷可在地下工程内部进行,但一次粉刷的量不宜过多,同时在粉刷区域内禁止一切火源,加强通风。

(10)禁止中压式乙炔发生器在地下工程内部使用及存放。

(11)制订应急的疏散计划。

4.施工现场灭火

(1)灭火现场的组织工作

如果发生火灾,现场灭火的组织工作十分重要。有时往往由于组织不力或灭火方法不当,而蔓延成重大火灾。因此,必须认真做好灭火现场的组织工作。

①发现起火时,首先判明起火的部位和燃烧的物质,组织迅速扑救。如火势较大,应立即用电话等方法快速向消防队报警。报警时应详细说明起火的确切地点、部位和燃烧的物质。目前各城市通常采用的火警电话号码是"119"。

②在消防队没有到达前,现场人员应根据不同的起火物质,采用正确有效的灭火方法,如切断电源,撤离周围的易燃易爆物质,根据现场情况正确选择灭火用具。

③灭火现场必须指定专人统一指挥,并保持高度的组织性、纪律性,行动必须统一、协调、一致,防止现场混乱。

④灭火时应注意防止发生触电、中毒、窒息、倒塌、坠落伤人等事故。

⑤为了便于查明起火原因,认真吸取教训,在灭火过程中,要尽可能地注意观察起火的部位、物质、蔓延方向等特点。在灭火后,要特别注意保护好现场的痕迹和遗留的物品,以利于查找失火原因。

(2)主要的灭火方法

起火必须具备的三个条件:存在能燃烧的物质,不论固体、液体、气体,凡能与空气中的氧或其他氧化剂起剧烈反应的物质,一般都称为可燃物质,如木材、汽油、酒精等;要有助燃物,凡能帮助和支持燃烧的物质都叫助燃物,如空气、氧气等;有能使可燃物燃烧的着火源,如明火焰、火星、电火花等。只有这三个条件同时具备,并相互作用才能起火。

①窒息灭火法

各种可燃物的燃烧都必须在其最低氧气浓度以上进行,否则燃烧不能持续进行。窒息灭火法就是阻止空气流入燃烧区,或用不燃物质(气体)冲淡空气,降低燃烧物周围的氧气浓度,使燃烧物质断绝氧气而使火熄灭。

②冷却灭火法

对一般可燃物来说,能够持续燃烧的条件之一就是它们在火焰或热的作用下达到了各自的着火温度。冷却灭火法是扑救火灾常用的方法,即将灭火剂直接喷洒在燃烧物体上,使可燃物质的温度降低到燃点以下,从而终止燃烧。

③隔离灭火法

隔离灭火法就是将燃烧物体或附近的可燃物质与火源隔离或疏散开,使燃烧失去可燃物质而停止。这种方法适用于扑救各种固体、液体或气体火灾。

④抑制灭火法

抑制灭火法与前三种灭火方法不同,它是使灭火剂参与燃烧反应过程,并使燃烧过程中产生的游离基消失,从而形成稳定分子或低活性的游离基,这样燃烧反应就会停止。目前抑制法灭火常用的灭火剂有 1211、1202、1301 灭火剂。

上述四种灭火方法所采用的具体灭火措施是多种多样的,在实际灭火中,应根据可燃物质的性质、燃烧特点、火场具体条件以及消防技术装备性能情况等,选择不同的灭火方法。

5.2.3　环境卫生与环境保护

5.2.3.1　施工现场的卫生与防疫

1.卫生保健

(1)施工现场应设置保健卫生室,配备保健药箱、常用药及绷带、止血带、颈托、担架等急救器材,小型工程可以用办公用房兼作保健卫生室。

(2)施工现场应当配备兼职或专职急救人员,料理伤员和职工保健,对生活卫生进行监督和定期检查食堂、饮食等卫生情况。

(3)要利用板报等形式向职工介绍防病的知识和方法,做好针对职工的卫生防疫的宣传教育工作,主要针对季节性流行病、传染病等。

(4)当施工现场作业人员发生法定传染病、食物中毒、急性职业中毒时,必须在 2 小时内向事故发生所在地建设行政主管部门和卫生防疫部门报告,并应积极配合调查处理。

(5)现场施工人员患有法定的传染病或携带病源时,应及时进行隔离,并由卫生防疫部门进行处置。

2.保洁

办公区和生活区应设专职或兼职保洁员,负责卫生清扫和保洁,应有灭鼠、蚊、蝇、蟑螂等措施,并应定期投放和喷洒药物。

3.食堂卫生

(1)食堂必须有卫生许可证。

(2)炊事人员必须持有身体健康证,上岗应穿戴洁净的工作服、工作帽和口罩,并应保持个人卫生。

(3)炊具、餐具和饮水器具必须及时清洗消毒。

(4)必须加强食品、原料的进货管理,做好进货登记,严禁购买无照、无证商贩经营的食品和原料,施工现场的食堂严禁出售变质食品。

4.社区服务

施工现场应当建立不扰民制度,有责任人管理和检查。应当与周围社区定期联系,听取意见,对合理意见应当及时采纳处理。工作应当有记录。

5.2.3.2　施工现场的环境保护

1.环境保护

环境保护是我国的一项基本国策。环境是指影响人类生存和发展的各种天然的和经过人工改造过的自然因素的总体。目前,防治环境污染、保护环境已成为世界各国普遍关注的问题。为了保护和改善生产环境与生态环境,防治污染和其他公害,保障人体健康,促进社会主义现代化建设的发展,我国于1989年颁布了《中华人民共和国环境保护法》,并于2014年进行了修订,正式把环境保护纳入法制轨道。

在建筑工程施工过程中,由于使用的设备大型化、复杂化,往往会给环境造成一定的影响和破坏,特别是大中城市,由于施工对环境造成影响而产生的矛盾尤其突出。为了保护环境,防止环境污染,按照有关法规规定,建设单位与施工单位在施工过程中都应保护施工现场周围的环境,防止对自然环境造成不应有的破坏;防止和减轻粉尘、噪声、震动对周围居住区的污染和危害。建筑业企业应当遵守有关环境保护和安全生产方面的法律、法规的规定,采取控制施工现场的各种粉尘、废气、废水、固体废弃物以及噪声、震动对环境的污染和危害的措施。这里要求采取的措施,根据《建设工程施工现场管理规定》,施工单位应当采取下列防止环境污染的措施:(1)妥善处理泥浆水,未经处理不得直接排入城市排水设施和河流;(2)除设有符合规定的装置外,不得在施工现场熔融沥青或者焚烧油毡、油漆以及其他会产生有毒有害烟尘和恶臭气体的物质;(3)使用密封式的圈筒或者采取其他措施处理高空废弃物;(4)采取有效措施控制施工过程中的扬尘;(5)禁止将有毒有害废弃物用作土方回填;(6)对产生噪声、震动的施工机械,应采取有效的控制措施,减轻噪声扰民。

2.防治大气污染

(1)施工现场宜采取硬化措施,其中主要道路、料场、生活办公区域必须进行硬化处理,土方应集中堆放。裸露的场地和集中堆放的土方应采取覆盖、固化或绿化等措施。

(2)使用密目式安全网对在建建筑物、构筑物进行封闭,防止施工过程中的扬尘;拆除旧有建筑物时,应采用隔离、洒水等措施防止扬尘,并应在规定期限内将废弃物清理完毕;不得在施工现场熔融沥青,严禁在施工现场焚烧含有有毒有害化学成分的装饰废料、油毡、油漆、垃圾等各类废弃物。

(3)土方、渣土和施工垃圾运输应采用密闭式运输车辆或采取覆盖措施。

(4)施工现场出入口处应采取保证车辆清洁的措施。

(5)施工现场应根据风力和大气湿度的具体情况,进行土方回填、转运作业。

(6)水泥和其他易飞扬的细颗粒建筑材料应密闭存放,砂石等散料应采取覆盖措施。

(7)施工现场混凝土搅拌场所应采取封闭、降尘措施。

(8)建筑物内施工垃圾的清运,应采用专用封闭式容器吊运或传送,严禁凌空抛撒。

(9)施工现场应设置密闭式垃圾站,施工垃圾、生活垃圾应分类存放,并及时清运出场。

(10)城区、旅游景点、疗养区、重点文物保护地及人口密集区的施工现场应使用清洁能源。

(11)施工现场的机械设备、车辆的尾气排放应符合国家环保排放标准要求。

3.防治水污染

(1)施工现场应设置排水沟及沉淀池,现场废水不得直接排入市政污水管网和河流。

(2)现场存放的油料、化学溶剂等应设有专门的库房,地面应进行防渗漏处理。

（3）食堂应设置隔油池，并应及时清理。

（4）厕所的化粪池应进行抗渗处理。

（5）食堂、盥洗室、淋浴间的下水管线应设置隔离网，并应与市政污水管线连接，保证排水通畅。

4.防治施工噪声污染

（1）施工现场应按照现行国家标准《建筑施工场界噪声排放标准》（GB 12523—2011）制订降噪措施，并应对施工现场的噪声值进行监测和记录。

（2）施工现场的强噪声设备宜设置在远离居民区的一侧。

（3）控制强噪声作业的时间：凡在人口稠密区进行强噪声作业时，须严格控制作业时间，一般晚 10 点到次日早 6 点之间应停止强噪声作业。确系特殊情况必须昼夜施工时，应尽量采取降低噪声的措施，并会同建设单位找当地居委会、村委会或当地居民协调，出安民告示，求得群众谅解。

（4）夜间运输材料的车辆进入施工现场，严禁鸣笛，装卸材料应做到轻拿轻放。

（5）对产生噪声和震动的施工机械、机具的使用，应当采取消声、吸声、隔声等有效控制措施。

5.防治施工照明污染

（1）根据施工现场照明强度要求选用合理的灯具，"越亮越好"并不科学，应减少不必要的浪费。

（2）建筑工程尽量多采用高品质、遮光性能好的荧光灯。其工作频率在 20kHz 以上，使荧光灯的闪烁度大幅度下降，改善了视觉环境，有利于人体健康。少采用黑光灯、激光灯、探照灯、空中玫瑰灯等不利光源。

（3）施工现场应采取遮蔽措施，限制电焊眩光、夜间施工照明光、具有强反光性建筑材料的反射光等污染光源外泄，使夜间照明只照射施工区域而不影响周围居民休息。

（4）施工现场的大型照明灯应采用俯视角度，不应将直射光线射入空中。利用挡光、遮光板，或利用减光方法将投光灯产生的溢散光和干扰光降到最低限度。

（5）加强个人防护措施，对紫外线和红外线等这类看不见的辐射源，必须采取必要的防护措施，如电焊工要佩戴防护眼镜和防护面罩。防止光污染的防护镜有反射型防护镜、吸收型防护镜、反射-吸收型防护镜、光电型防护镜、变色微晶玻璃型防护镜等，可依据防护对象选择相应的防护镜。例如可佩戴黄绿色镜片的防护眼镜来预防雪盲和防护电焊发出的紫外光。绿色玻璃既可防护 UV（气体放电），又可防护可见光和红外线，而蓝色玻璃对 UV 的防护效果较差，所以在紫外线的防护中要考虑到防护镜的颜色对防护效果的影响。

（6）此外，对有红外线和紫外线污染以及应用激光的场所，应制订相应的卫生标准并采取必要的安全防护措施，注意张贴警告标志，禁止无关人员进入禁区内。

6.防治施工固体废弃物污染

施工车辆运输砂石、土方、渣土和建筑垃圾，采取密封、覆盖措施，避免泄露、遗撒，并在指定地点倾卸，防止固体废物污染环境。

思考与练习

1.试述文明施工的含义。

2.文明施工专项方案的内容有哪些？

3.简述施工现场临时设施的搭设与使用要求。

4.施工现场的场容管理包括哪些主要内容？

参 考 文 献

[1] 中华人民共和国住房和城乡建设部.建筑与市政工程施工现场专业人员职业标准:JGJ/T 250—2011[S].北京:中国建筑工业出版社,2012.

[2] 吴兴国.建筑施工验收[M].3版.北京:中国环境科学出版社,2003.

[3] 梁建国,陈爱莲,瞿义勇,等.建筑节能工程施工与质量验收[M].北京:中国建筑工业出版社,2007.

[4] 山西省建设厅.山西省工程建设建筑节能系列标准[M].太原:山西人民出版社,2006.

[5] 建筑节能工程施工与质量验收编委会.建筑节能工程施工与质量验收[M].北京:中国建筑工业出版社,2007.

[6]《质量员一本通》编委会.质量员一本通[M].北京:中国建材工业出版社,2006.

[7] 全国建筑施工企业项目经理培训教材编写委员会.施工项目质量与安全管理[M].北京:中国建筑工业出版社,1995.

[8] 建设部工程质量安全监督与行业发展司.建设工程安全生产管理[M].北京:中国建筑工业出版社,2004.

[9] 建设部工程质量安全监督与行业发展司.建设工程安全生产技术[M].北京:中国建筑工业出版社,2004.

[10]《建筑施工手册》编写组.建筑施工手册:第1册[M].4版.北京:中国建筑工业出版社,2003.